新能源技术概论

主　编　袁吉仁
副主编　黄海宾　岳之浩　赵　勇

科学出版社
北　京

内 容 简 介

全书共分 7 章，首先概述了能源、新能源和新能源技术；第 2～7 章分别具体介绍了太阳能、核能、风能、海洋能、生物质能、地热能等新能源技术的原理、特点和具体应用等，同时对这些新能源技术的发展现状和应用前景等进行了介绍。

本书可作为高等院校的新能源类专业和无机非金属材料、应用物理、材料物理等专业学生的教材，也可供有关工程技术人员和管理干部参考。

图书在版编目（CIP）数据

新能源技术概论/袁吉仁主编. —北京：科学出版社，2019.11

ISBN 978-7-03-056103-9

Ⅰ. ①新…　Ⅱ. ①袁…　Ⅲ. ①新能源-技术-高等学校-教材　Ⅳ. ①TK01

中国版本图书馆 CIP 数据核字（2017）第 319583 号

责任编辑：窦京涛　田轶静/责任校对：杨聪敏

责任印制：侯文娟/封面设计：迷底书装

科学出版社 出版

北京东黄城根北街 16 号

邮政编码：100717

http://www.sciencep.com

固安县铭成印刷有限公司印刷

科学出版社发行　各地新华书店经销

*

2019 年 11 月第　一　版　开本：720×1000　1/16

2024 年 6 月第七次印刷　印张：9 1/2

字数：192 000

定价：39. 00 元

（如有印装质量问题，我社负责调换）

前　言

能源危机和环境恶化是当今世界面临的难题，发展清洁、可再生的新能源是社会发展遇到的一个巨大挑战。新能源是指传统能源之外的各种能源形式。目前正在积极开发应用的新能源主要包括太阳能、核能、风能、海洋能、生物质能和地热能等。发展新能源不仅可以开辟新的能源供应途径，增加能源供给量，而且还可以有效降低因资源消耗对环境和国家安全造成的负面影响。近年来，随着世界各国对新能源利用的科技创新力度的加大，各种新技术、新成果和新材料不断涌现，新能源正在改变我们的生活。新能源技术是实现新能源转化和利用的关键，新能源产业的发展离不开新能源技术的开发和应用。因此，开发利用新能源技术将是社会可持续发展的必经之路。目前，我国已把新能源产业列入国家重点支持的领域之一，提供了众多的鼓励政策和技术支持保障。与此同时，全国各地高校也纷纷开设了新能源专业系列课程，该系列课程涉及各种新材料、新技术、新方法的介绍。其中，新能源技术课程需重点关注的是太阳能、核能、风能、海洋能、生物质能、地热能等。该课程知识面广，信息量大，涉及多种新能源技术的原理、特点、具体应用及发展前景等。本书是编者在多年的新能源课程教学实践基础上编写而成的，其目的是向广大读者介绍有关新能源技术的知识，以满足当前的教学需要。本书力求资料新颖、内容广泛、叙述简洁、重点突出，为读者提供更多有关新能源技术的最新信息。

本书由南昌大学袁吉仁、黄海宾、岳之浩和赵勇编写而成。具体编写情况如下：第 1、6、7 章由袁吉仁编写；第 2 章由岳之浩编写；第 3、4 章由黄海宾编写；第 5 章由赵勇和袁吉仁共同编写；全书由袁吉仁统稿。编写过程中参阅了相关著作和文章，在参考文献中未能一一列出，在此一并向文献的作者们表示衷心感谢！

本书得到了南昌大学教材出版项目的资助。

由于编者水平有限，书中不妥之处在所难免，恳请各位读者和同仁批评指正。

编　者

2017 年 5 月

目　录

第1章　绪　　论

1.1　能　　源

1.1.1　资源和能源的概念

本书所指资源是自然资源的简称，是指可以满足或提高人类当前和未来生存与生活状况的自然环境因素的总和。世界上的自然资源类型有气候资源、水资源、矿物资源、生物资源、能源等。

本书所指能源指的是通过一定的转换手段能够为人类利用的某种形式能量的自然资源，包括所有的阳光、燃料、流水、地热、风等。比如，流水和风可以提供机械能，阳光可转化为热能或电能，煤和石油等化石能源燃烧时能够提供热能。

自然能源中我们常见的包括固体燃料、液体燃料、气体燃料、生物质能、风能、核能、水能、太阳能、海洋能和地热能等。其中，化石燃料或化石能源指的是以煤炭、石油、天然气为主的取自天然的燃料。

1.1.2　能源的分类

按照使用状况，能源可分为常规能源和新能源两类。按照性质，可分为燃料能源和非燃料能源。能源还可以按照一次能源和二次能源分类，具体见表1.1。

表1.1　能源的分类

<table>
<tr><th rowspan="2">按使用状况分</th><th rowspan="2">按性质分</th><th colspan="2">按一、二次能源分</th></tr>
<tr><th>一次能源</th><th>二次能源</th></tr>
<tr><td rowspan="12">常规能源</td><td rowspan="12">燃料能源</td><td>泥煤（化学能）</td><td>煤气（化学能）余热（化学能）</td></tr>
<tr><td>褐煤（化学能）</td><td>焦炭（化学能）</td></tr>
<tr><td>烟煤（化学能）</td><td>汽油（化学能）</td></tr>
<tr><td>无烟煤（化学能）</td><td>煤油（化学能）</td></tr>
<tr><td>石煤（化学能）</td><td>柴油（化学能）</td></tr>
<tr><td>油页岩（化学能）</td><td>重油（化学能）</td></tr>
<tr><td>油砂（化学能）</td><td>液化石油气（化学能）</td></tr>
<tr><td>原油（化学能、机械能）</td><td>丙烷（化学能）</td></tr>
<tr><td>天然气（化学能、机械能）</td><td>甲醇（化学能）</td></tr>
<tr><td>生物燃料（化学能）</td><td>酒精（化学能）</td></tr>
<tr><td rowspan="2">天然气水合物（化学能）</td><td>苯胺（化学能）</td></tr>
<tr><td>火药（化学能）</td></tr>
</table>

续表

按使用状况分	按性质分	按一、二次能源分	
		一次能源	二次能源
常规能源	非燃料能源	水能（机械能）	电（电能）
			蒸汽（热能、机械能）
			热水（热能）
			余热（热能、机械能）
新能源	燃料能源	核燃料（核能）	沼气（化学能）
			氢（化学能）
	非燃料能源	太阳能（辐射能）	激光（光能）
		风能（机械能）	
		地热能（热能）	
		潮汐能（机械能）	
		海水热能（热能、机械能）	
		海流、波浪动能（机械能）	

1.2　新能源概况

新能源是采用新技术和新材料而获得的能源，比如太阳能、地热能、生物质能、风能、海洋能和核聚变能等。随着化石燃料的不断减少，太阳能、风能等会逐渐加大利用比例。

常规能源是指技术上比较成熟且已被大规模利用的能源，比如煤、石油、天然气以及大中型水域都被看作常规能源，而把太阳能、风能、现代生物质能、地热能、海洋能、核能和氢能等看作新能源。随着技术的进步和可持续发展观念的树立，废弃物的资源化利用也可以看作新能源技术的一种形式。

太阳能方面，每年辐射到地球上的太阳能为 17.8 万亿 kW·h，可有效利用的为 500 亿～1000 亿 kW·h。地热能资源通常指陆地以下 5000m 深度内岩石和水体的总含热量。其中全球陆地部分 3000m 深度内、150℃以上的高温地热能资源为 140 万吨标准煤。世界风能的潜力很大，大约为 3500 亿 kW·h，如果不断提高输能储能技术，利用的风能将会不断增加。海洋能方面，包括潮汐能、波浪能、海水温差能等，其储量非常大，但需不断地提高采集技术。总之，目前的新能源利用占比还不是很大，最主要的是新能源利用方面的关键技术有待进一步提高，但发展前景是很大的。

1.3 常见新能源形式概述

1.3.1 太阳能

太阳能指的是太阳光的辐射能量。其利用形式主要有三种：光-热转换、光-电转换和光-化转换。

（1）光-热转换。以太阳能集热器为典型代表，其以空气或液体为传热介质来吸收热量，采用抽真空或其他透光隔热材料来减少集热器的热损失。

（2）光-电转换。以太阳能电池为典型代表，将太阳的光能转换为电能。目前太阳能电池的光电转换效率还不是很高，需要采用先进技术提高效率，同时降低生产成本。

（3）光-化转换。光照半导体和电解液界面使水电离间接产生氢的电池称为光化学电池。

1.3.2 核能

核能是通过转化其质量，从原子核释放的能量。核能的释放形式主要有：①核裂变；②核聚变；③核衰变。

但是目前来说，核能存在资源利用率低的问题，而且核废料的最终处理技术尚未完全解决。另外，核电建设投资费用很高，投资风险大。

1.3.3 风能

风能指的是地球表面大量空气流动所产生的动能。太阳辐照地面后各处的气温变化和空气中水蒸气的含量均不同，导致各地气压也不一样，在水平方向，高压空气向低压地区流动，即形成风。风能密度和可利用的风能年累计小时数决定了风能资源的大小。风力发电和风力提水是风能利用的两个主要方面。

风能的优势是储藏量大，分布广泛，永不枯竭，这对交通不便、远离主干电网的岛屿及边远地区非常重要。

1.3.4 海洋能

海洋能是海水中蕴藏着的一切能量资源的总称。这些能量以潮汐、波浪、温度差、盐度梯度、海流等形式存在于海洋之中。海洋能的来源包括太阳和月亮对地球的引力作用以及太阳辐射。按存在形式，海洋能源又可分为机械能、热能和化学能。其中潮汐能、海流能和波浪能为机械能，海水温差能为热能，海水盐差能为化学能。

我国有广阔的沿海地带，因此海洋能的资源十分丰富，而且这些海洋能都是取之不尽、用之不竭的可再生能源。

1.3.5　生物质能

生物质能是太阳能以化学能形式储存于生物中的一种能量形式，它直接或间接地来源于植物的光合作用。生物质能是唯一一种可再生的碳源，可转化成常规的燃料。地球上的生物质能资源较为丰富，地球每年通过光合作用产生的物质有1730亿吨，但尚未被人们合理地利用。现代生物质能的利用是通过生物质的厌氧发酵制取甲烷，用热解法生成燃料气、生物油和生物炭，用生物质制造乙醇和甲醇燃料，以及利用生物工程技术培养能源植物，发展能源农场。

1.3.6　地热能

严格地说，地热能是在地球表面以下5000m以内，15℃以上的岩石和液体的热源能量。地热能约14.5×10^{25}J，相当于4948万亿吨标准煤的热量。地热来源主要是地球内部放射性同位素热核反应产生的热能。用于发电的高温地热一般高于150℃；而低于150℃的叫做低温地热，可用于采暖、水产养殖及医疗和洗浴等。

地球内部热源包括潮汐摩擦、化学反应、重力分异和放射性元素衰变释放的能量等。其中，放射性热能是地球的主要热源。我国地热资源丰富，分布广泛。

1.4　新能源技术

新能源具有分布广、储量大和清洁环保的特征。实现新能源的利用需要新技术支撑，新能源技术是人类开发新能源的基础和保障。

1. 太阳能利用技术

太阳能利用技术主要包括：太阳能-热能转换技术，即通过转换装备将太阳辐射转换为热能加以利用，如太阳能热发电、太阳能制冷与空调技术、太阳能热水系统、太阳灶和太阳房等；太阳能-光电转换技术，即太阳能电池，包括应用广泛的半导体太阳能电池和光化学电池的制备技术；太阳能-化学能转换技术，如光化作用、光合作用和光电转换等。

2. 核电技术

核电技术主要有核裂变和核聚变。自20世纪50年代第一座核电站诞生以来，全球核裂变发电迅速发展，核电技术不断完善，各种类型的反应堆相继出现，如压水堆、沸水堆、气冷堆及快中子堆等。人类实现核聚变并进行控制的难度非常大，采用等离子体最有希望实现核聚变反应。

3. 风能应用技术

风能应用技术主要为风力发电，如海上风力发电、小型风机系统和涡轮风力发电等。

4. 海洋能利用技术

开发利用海洋能是把海洋中的自然能量直接或间接地加以利用，将海洋能转换成其他形式的能。海洋中的自然能源主要为潮汐能、波浪能、海流能（潮流能）、海水温差能和海水的盐能差。目前，有应用前景的是潮汐能、波浪能和潮流能。

5. 生物质能应用技术

生物质能的开发技术有生物质气化技术、生物质固化技术、生物质热解技术、生物质液化技术和沼气技术等。

6. 地热能技术

地热能开发技术集中在地热采暖、供热、地热发电和供热水。地热发电是把地下热能转变为机械能，然后再把机械能转变为电能的生产过程，能够把地下热能带到地面并用于发电的载热介质主要是天然蒸汽（干蒸汽和湿蒸汽）和地下热水。

思考练习题

（1）简述能源的分类情况。
（2）能源评价具体包括哪些方面？
（3）简述常见新能源形式。
（4）太阳能的主要利用形式有哪些？
（5）简述常见的新能源技术。

第 2 章　太　阳　能

2.1　引　　言

太阳能主要表现为太阳光线，是指太阳的热辐射能，在人类现代生活中，对太阳能的利用主要表现为用其发电以及作为太阳能热水器的能量来源。自地球生物诞生以来，太阳就为它们提供生存所需的能量，而人类从古至今都懂得如何利用太阳能，例如，用其来晒咸鱼、制盐以及家家户户几乎每天都会做的事——晾晒衣物。如今，全球大力发展太阳能并使其成为人类使用能源的重要组成部分，原因在于现在地球上可用化石燃料越来越少且人类生存环境的污染日益严重。除了太阳光线之外，地球上的风能、化学能以及水能等都源于太阳能，而太阳能的利用方式主要为光-电转换、光-化转换以及光-热转换三种方式。

2.1.1　技术原理

太阳能来自太阳的辐射能量，它的产生是通过太阳内部氢原子发生氢氦聚变而释放出的巨大核能得到的。太阳直接或间接地给人类提供了其所需的绝大部分能量，同时在太阳光的作用下，植物吸收二氧化碳并释放出氧气，且以化学能的形式在植物体内储存太阳能。另外，古代埋在地下的动植物尸体经过漫长的地质年代演变形成了现在的煤炭、石油、天然气等一次能源，这是远古以来在地球上储存的太阳能。除此之外，太阳能还会在地球上产生风能、海洋温差能、水能、波浪能以及生物质能等能源。对于地球而言，太阳能是外来能源，而与地球内部的热能有关的能源以及与原子核反应有关的能源则是地球本身蕴藏的能量，而与原子核反应有关的能源正是核能。海洋中储藏的氘、氚、锂等发生聚变反应时以及地球上所储存的铀、钚等发生裂变反应时即会释放出核能。人类目前对核能的主要利用方式为用其发电以及作为动力源及热源等。

众所周知，地球赤道的周长约为 40076km，而地球轨道上的平均太阳辐射强度约为 $1369W/m^2$，由此可知太阳提供给地球的能量可达 $1.73\times10^{17}W$，虽然这仅为太阳总辐射能量的 22 亿分之一，但也表示每秒钟约有 $1.73\times10^{14}J$ 的太阳能照射到地球上，这与燃烧 500 万吨煤所释放的能量相当。我们知道风能、海洋温差能、水能、波浪能以及生物质能等能源均来源于太阳能，因此广义的太阳能所包括的范围是很大的，但狭义的太阳能，也就是本章将主要讲解的太阳能，则仅包括太阳辐射能的光-电、光-热和光-化的直接转换。

2.1.2 主要分类

1. 光伏

光伏器件是一种依靠光生伏特效应进行工作的发电装置，只要有阳光照射在光伏器件表面，就会有直流电产生，实现光-电转换。我们通常所说的太阳能电池就是光伏器件，其基本上都由半导体材料（如硅）制成。光伏电池的用途很广，大的方面如建立光伏电站，其可与大电网连接实现并网发电，也可完全独立发电；小的方面如给交通信号灯、监控系统、卫星、手表、手机以及手电筒等提供电力。

2. 光热

对于太阳能的利用，除了用其直接实现光-电转换，还可将收集的太阳光中的热能用于产生热水、蒸汽以及借助热电器件实现热-电转换。除此之外，太阳的光和热能也可被加入了合适装备的建筑物来利用，例如，建筑物上使用能吸收并可慢慢释放太阳热能的建筑材料或向南的巨型窗户。

2.1.3 基本特点

1. 优点

（1）照射范围广。无论海洋或陆地，岛屿或高山，都有太阳光照射，处处皆有，没有地域的限制，且无须开采和运输，收集方便，可直接开发和利用。

（2）环境友好。太阳能是最清洁的能源之一，在利用过程中不会污染环境，这一点对于当下日益严重的环境污染是非常重要的。

（3）能量巨大。太阳每年辐射到地球表面的能量总量属目前地球上可开发的最大能源，其与燃烧 150 万亿吨煤所释放的能量相当。

（4）可长久使用。相对于其他能源（化石燃料等）而言，地球上的太阳能可以说是取之不尽、用之不竭的，根据太阳上氢聚变释放核能的速率估算得知，太阳上氢的储量足以维持上百亿年。

2. 缺点

（1）能量密度低。尽管整个地球表面可获得的太阳辐射能的总量很大，但是单位面积上的太阳辐射能，即能量密度，却很低。地球上太阳辐照度最大的地方在北回归线附近，且时间为天气晴朗的夏季的正午时分，此时此地在与太阳光线垂直的方向上可接收到平均太阳辐射能量密度约为 1000W/m^2，而经全年日夜平均之后仅有约 200W/m^2。这还是在天气晴朗的夏季，如果是在冬季，太阳辐射能量密度只有夏季的一半左右，而阴雨天的太阳辐射能量密度又仅为晴天的五分之一左右，如此一来，地球表面的太阳辐射能量密度是很低的。因此，必须要有一套面积相当大的太阳能收集和转换装置才能利用太阳能来获得一定可观的功率输出，但这种方式既占地，成本又高。

（2）能量不稳定。众所周知，地球表面所接收到的太阳辐照度是极不稳定且间歇性的，原因是地球表面太阳辐照度会受到天气（晴、阴、下雨、多云）以及海拔、地理纬度、季节和昼夜等因素的影响，这种不稳定性使得人类大规模利用太阳能受到一定的阻碍。而储能技术则是可望使得太阳能成为连续稳定能源并可与常规能源竞争的关键所在，例如，采用储能技术把晴朗白天的太阳能储存起来供太阳辐射能较弱的阴雨天或者晚上使用，但目前太阳能利用技术的瓶颈也在储能这一环节。

（3）能量转换效率低。目前已商业化应用的太阳能利用装置的转换效率都偏低，例如，晶硅光伏电池，其在大规模产业化应用中的光电转换效率也仅为 18%～23%。虽然聚光技术和多结技术可显著提升光伏电池的光电转换效率，但此类技术至今仍无法实现大规模产业化应用。

2.1.4 应用领域

在地面应用方面，目前正在慢慢普及太阳能的利用，例如，建光伏电站（并网、离网、微网）和大规模使用太阳能热水器等，其成本已可被接受。但是地球表面太阳能的能量密度低、不稳定以及转换效率低的缺点仍在一定程度上限制了其在整个综合能源体系中的作用。

在空间应用方面，除了太空中卫星使用太阳能作为电源供给之外，人类正开始在太空中建太阳能发电站，这类电站可一直利用太阳能发电，不受地球表面气候影响，这也是与地面光伏电站的不同之处。日本在这方面走在了前面，其拟耗资 210 亿美元建设一个发电量能达到 1×10^9W 的太空太阳能发电站，这足够约 29.4 万个家庭使用，但在空间电力传输回地面方面还存在一定的技术问题。

2.2 太阳能电池概述

目前，在太阳能的利用方面，光-电转换是最受关注也是发展最快的研究领域，而光伏电池就是把太阳光直接转换为电的装置。至今绝大部分光伏电池均由半导体材料制成，而太阳光中的可见光部分（能量为 1.5～3.0eV 的光子）与半导体材料的禁带宽度（0～3.0eV）是对应的，大于半导体材料禁带宽度的光子即会被光伏电池吸收并转换为电能，其工作原理是光伏电池独有的光生伏特效应。

2.2.1 太阳能电池发展概况

据记载，“太阳能取火”技术是中国人于公元前 9 世纪发明的，这也是地球上最早的太阳能利用方式。而人类在此后的几千年时间里只对太阳的辐射热能进行了利用。1615 年，第一台利用太阳能驱动的发动机诞生，这台设备的发明人为法国工程师 Solomon de Cox，若从那时算起，人类真正意义上利用太阳能已有 400 多年了。1839 年，光生伏特效应首次被法国物理学家 A.E. Becqurel 发现，他发现由两片金属浸入溶液制成的伏特电池两端在光照条件下会产生额外的电势，即半导体领域常说的光生伏特效应。1883 年，Charles Fritts 用一层极薄的金薄膜覆盖在半导体锗表面形成了金属半导体结（即肖特基结）并制成了光伏电池，其光电转换效率仅为 1%。1946 年，现代硅光伏电池的制造专利被 Russell Ohl 成功申请。1954 年，第一个实用的硅光伏电池在美国贝尔实验室产生了，该电池利用了半导体掺杂技术，也是此时，该实验室的科学家发现在硅中掺入一定量的杂质后其对光更加敏感，光伏电池技术时代由此开启，这一切也得益于加工技术的不断进步以及人们逐渐对半导体物性的全面了解。在光伏电池的初期发展阶段，由于非常昂贵的成本问题，其只限于作为卫星的电源使用，即仅应用于空间科学领域。1958 年，美国成功发射了第一颗用光伏电池板作为电源的地球卫星“先锋 1 号”，其表面共安装了 6 块光伏电池板。同年，我国也布局并开始研发光伏电池。1971 年，中国首颗由光伏电池作为电源的人造卫星成功发射。20 世纪 70 年代，爆发能源危机，此时新能源开发的重要性和急迫性受到了全球各国的重视。1973 年爆发的石油危机使得光伏电池得到了更进一步的应用——由空间转向地面。此后光伏电池领域发展非常迅速，40 多年后的今天其应用局面得到了质的改变。

在光伏电池制造技术方面，由起初仅有的 Si 和 GaAs 光伏电池发展到如今的单晶硅电池、多晶硅电池、非晶硅薄膜电池、铜铟镓硒电池（CIGS）、碲化镉电池（CdTe）以及各种高效硅基光伏电池（异质结光伏电池 HIT、钝化发射极和背面电池 PERC、全背电极电池 IBC 以及双面发电技术等），并且主流的晶硅光伏电池的光电转换效率不断得到提升。2017 年，基于量产技术的 p 型单晶硅光伏电池的转换效率达到 23.26%，p 型多晶硅的转换效率达到 22.04%。

在光伏电池的生产成本方面，由成本昂贵到仅能作为空间电源使用发展到如今的大规模地面应用，晶硅电池组件价格由 1995 年的 6.5$/Wp（美元/峰瓦）左右下降至目前的 0.45$/Wp，且光伏系统的建设成本也仅需不到 1$/Wp。目前，光伏发电售价已低于传统发电成本。光伏发电成本的降低除了得益于技术的不断进步之外，也是光伏产业规模不断扩大的必然结果。

目前光伏装机量增长速率高达 20%以上，且随着光伏电池生产技术和转换效率的不断提高，其涉及的应用领域越来越多，如交通、气象、农村电气化、国防、通信以及石油等。如今，中国光伏累计装机量已升至全球第一，紧随其后的为德国、日本、美国、意大利等国家。

2.2.2　太阳能电池的分类

随着人们对光伏领域相关技术的不断研究和开发，种类越来越多的光伏电池应运而生，可按以下几种方法对这些光伏电池进行分类。

1. 按电池结构分类

1）同质结光伏电池

同质结光伏电池是指由同一种半导体材料形成的一个或多个 pn 结所构成的光伏电池，如今主流的晶硅光伏电池都属此类电池。

2）异质结光伏电池

异质结光伏电池是指由两种不同的半导体材料在相接的界面上构成一个异质结的光伏电池，如非晶硅/晶硅异质结电池、氧化铟锡 / 硅异质结电池、硫化亚铜 / 硫化镉异质结电池等，其中非晶硅/晶硅异质结电池是目前主流的异质结光伏电池。同时，还有一种异质面光伏电池，此类电池中两种异质半导体材料在界面处的晶格匹配较好，晶格结构相近，如砷化铝镓 / 砷化镓光伏电池。

3）肖特基结光伏电池

肖特基结光伏电池是指“肖特基势垒”的电池，其是由半导体材料和金属材料接触而形成的，亦称 MS（metal-semiconductor）电池。在 MS 电池的基础上，又出现了导体-绝缘体-半导体（conductor-insulator-semiconductor，CIS）电池，包括金属-绝缘体-半导体（metal-insulator-semiconductor，MIS）电池和金属-氧化物-半导体（metal-oxide-semiconductor，MOS）电池。

4）多结光伏电池

多结光伏电池是指由多个 pn 结组成的光伏电池，亦称复合结光伏电池，包括水平多结光伏电池和垂直多结光伏电池等。

5）液结光伏电池

液结光伏电池也称光电化学电池，是指将半导体浸入电解质中所形成的电池结构。

2. 按电池材料分类

目前，用于制备光伏电池的材料已由发展初期的晶硅和砷化镓等发展到如今各种各样的光伏材料种类，硅基材料光伏电池就可分为单晶硅、多晶硅以及非晶硅（图 2.1），而化合物半导体光伏材料除了砷化镓之外，又出现了铜铟镓硒、铜锌硒硫以及碲化镉等，它们的发电原理基本相同。除此之外，还有有机半导体光伏电池。

1）硅基光伏电池

顾名思义，硅基光伏电池是指以硅材料为基体的光伏电池，包括单晶硅光伏电池、多晶硅光伏电池以及非晶硅光伏电池。其中，单晶硅和多晶硅光伏电池统称为晶硅光伏电池，而非晶硅光伏电池中的非晶硅材料是薄膜状的，一般是由化学气相沉积法或物理气相沉积法沉积于导电玻璃或不锈钢表面上制备的。另外，多晶硅光伏电池又分为很多种，包括球状多晶硅光伏电池、片状多晶硅光伏电池、筒状多晶硅光伏电池、铸锭多晶硅光伏电池等。

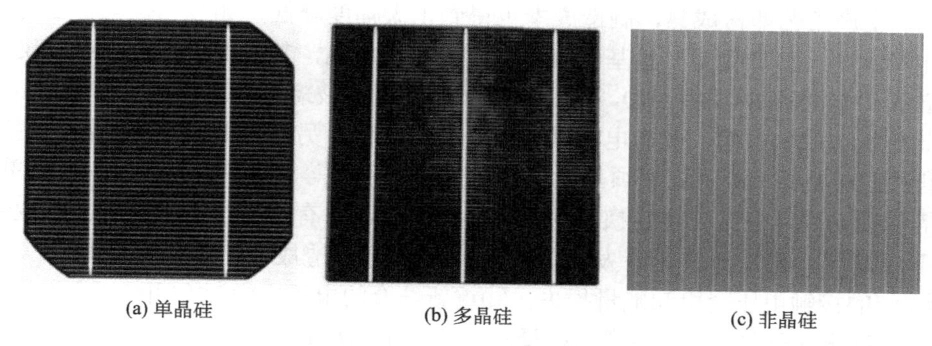

(a) 单晶硅 (b) 多晶硅 (c) 非晶硅

图 2.1 硅基光伏电池

2）化合物半导体光伏电池

化合物半导体光伏电池包括碲化镉光伏电池、铜铟镓硒光伏电池、硫化镉光伏电池、砷化镓光伏电池、磷化铟光伏电池等，制作该类电池的半导体材料是由两种或两种以上元素组成的。化合物半导体主要包括氧化物半导体（MnO、Cr_2O_3、FeO、Fe_2O_3、Cu_2O 等）、晶态无机化合物半导体（Ⅲ-Ⅴ族和Ⅱ-Ⅵ族化合物半导体）、非晶态无机化合物半导体（玻璃半导体）。

3）有机半导体光伏电池

有机半导体光伏电池指由导电性在绝缘体和导体之间且含有一定数量的 C—C 键的半导体材料所制成的电池。有机半导体主要包括分子晶体（如有机蒽、萘、酞花菁铜、嵌二萘等）、电荷转移络合物（如芳烃-金属卤化物、芳烃-卤素络合物等）以及高聚物等。

3. 按工作方式分类

光伏电池根据工作方式可分为聚光光伏电池和平板光伏电池。

顾名思义，聚光光伏电池工作时是将大面积的光聚集后再入射到较小面积的光伏电池表面上，其目的是增强光照强度，从而提高入射光的能量密度，以解决太阳光能量密度低的问题，最终使得光伏电池单位面积上获得更大的功率输出。而平板光伏电池没有聚光效果，纯粹利用地球表面太阳光原本的光照强度进行光电转换，这是目前普遍采用的工作方式。

4. 按光伏电池的发展分类

按光伏电池发展历史分类，可将其分为第一代、第二代以及第三代光伏电池。第一代为目前市场占有率最大的晶硅光伏电池，包括单晶硅和多晶硅光伏电池，是利用晶硅材料制成的。目前基于量产技术的晶硅光伏电池的转换效率为18%～23%，生产工艺非常成熟，制造成本也得到了大幅度降低，如今光伏电价已可与火电相竞争。第二代是一种基于薄膜技术的光伏电池，其电池主体部分厚度仅为晶硅光伏电池的1/100～1/10，这类电池一般会采用玻璃或者不锈钢等作为衬底，因此在制造成本方面，此类电池具有很大的竞争性。另外，薄膜光伏电池在生产过程中直接形成光伏板，无须晶硅光伏组件中的串焊等工序，生产过程相对简单，所需能耗也少，但其光电转换效率不如晶硅电池，只有10%～15%。光伏行业经过不断发展，相关研究学者发现，有三个主要原因造成了光伏电池能量损失：①pn结的接触电压会引起能量损失；②重新结合的电子空穴对会引起能量损失；③光子激发电子空穴对后多余的能量将会以声子的形式释放，即以热的形式损失掉。为了减少光伏电池的能量损失，可以采用如下方法来解决上述三个问题：①采用增强光子密度的方法（聚光）来减小pn结的接触电压损失；②通过延长光生载流子的寿命来减少电子空穴对结合所造成的能量损失，如消除一些不必要的缺陷；③采用合适的方法使得进入光伏电池的光子的能量刚好大于电池材料的禁带宽度，确保光生载流子被激发后不会有多余的能量剩余，从而减少电池的热损失。因此，第三代光伏电池基于上述分析被Martin Green提出，他认为转换效率高、薄膜化、无毒且原料丰富这四方面是第三代光伏电池必须具备的。第三代光伏电池包括叠层光伏电池、热载流子光伏电池以及热光伏电池等。

1）叠层光伏电池

根据半导体理论可知，能量比半导体材料禁带宽度大的光子才能被该种半导体材料吸收，而光伏电池背电极金属会吸收透过电池的能量小于半导体禁带宽度的光子并将其转换为热能而非电能，同时光子能量中大于半导体材料禁带宽度的剩余部分将会以热能的形式放出并使半导体材料本身发热。这些不能被半导体材料吸收以及吸收后剩余的能量将不会被光伏电池转换为电能输出，所以任何一种单结光伏电池的理论光电转换效率都不会超过30%。如果将由不同禁带宽度的半导体材料制成的光伏电池与太阳光谱中不同波段的光对应起来，即将禁带宽度最大的光伏电池置于迎光面最外侧，由外向内，光伏电池禁带宽度依次减小，这样可使短波长的光被最外侧的宽带隙光伏电池吸收，较长波长的光被里面的较小禁带宽度的电池吸收，最终实现对整个太阳光谱的全面响应，可将更多的光能转换为电能，这种由多种带隙光伏电池组成的结构称为叠层光伏电池。

2）热载流子光伏电池

如果光子能量中尽可能多的部分被用于激发电子空穴对，那么就会减少热能的产生，光伏电池的转换效率也会得到提高。若一对电子空穴对被一个高能量光子激发后成为具有多余能量的“热载流子”，且其具有的能量仍高于另外一对电子空穴对被激发所需的能量，那么第二对电子空穴对完全可由这个热载流子中多余的能量来激发产生，如果高能光子的能量是半导体材料禁带宽度的三倍以上，那么就很有可能会产生第三对电子空穴对，以此类推。那么光伏电池的输出电流即可因这些新激发的电子空穴对而得到提升，最终使得电池的光电转换效率得到提高。按照这种理论所制成的光伏电池即为热载流子光伏电池。

3）热光伏电池

热光伏电池的基本工作原理是使用一个吸热装置吸收太阳光，再把吸收的能量释放出来供给电池。这种电池是在热光技术的基础上制成的，该技术可将高温热辐射体的能量通过 pn 结电池直接转换成电能。该技术中的吸热装置所辐射出的光子的平均能量远小于太阳光，原因是该装置的温度远低于太阳温度。吸热装置辐射出的光子中能量较高的部分被光伏电池吸收并转换为电能，而不能被电池吸收的能量较小的部分又被反射回来被吸热装置吸收，其最大特点是不能被电池吸收的那部分能量可以被反复利用。

我国国家标准是根据光伏电池结构来命名光伏电池型号的，因为按照光伏电池结构来分类的物理意义比较明确。除了上述分类方式，光伏电池还可根据应用领域分为地面用光伏电池和空间用光伏电池两种，而地面用光伏电池又可分为消费品用光伏电池和光伏电站两种。对于空间用光伏电池而言，由于其处在外太空环境中，因此需具备高的耐辐射性、优异的功率面积比和功率质量比以及高的光电转换效率等特点。对于地面光伏电站用光伏电池而言，低成本、长寿命、光电转换效率较高等是其应具备的特点，而轻、薄、小以及美观则是地面消费品用光伏电池所需具备的特点。

2.2.3 太阳能发电的优缺点

1. 太阳能发电的优势

1）可持续性、可再生

根据相关科学数据，太阳仍可继续存活 65 亿年，这充分表明对地球而言，太阳能具有可持续性。同时，太阳能与非可再生能源燃料、煤炭以及核能不同，太阳能是一种可再生的能源。

2）丰富性

太阳每天提供给地球的辐射量为地球上需求的总电量的两万倍，达到了惊人的 1×10^{11}W。同时，在地球表面各个位置都可获得太阳能，只是相对来说赤道上的太阳辐照量会更大些。

3）环境友好

虽然光伏电池的制造过程会产生一定量的废液废气，但这与传统化石燃料等能源相比是非常少的。除此之外，太阳能在用于发电的过程中是无污染的，这与传统能源相比是完全不同的，在环境污染（雾霾等）日益严重的今天，这点是非常重要的。

4）应用领域广泛

光伏发电可应用的领域非常广泛，包括：无电网地区（荒岛、偏僻山村、沙漠等），这类属于独立光伏发电系统，需配备储能系统；作为空间电源给卫星供电；与建筑结合，即光伏建筑一体化；光伏飞机、光伏汽车；给手机或充电宝充电；太阳能供电的路灯、草坪灯、交通信号灯等。

5）保持静态性

光伏电池在发电过程中不会产生噪声，光伏电池也不会有任何部件发生移动，这与风力发电等其他新能源相比优势是明显的。

6）维护成本低

随着光伏行业的不断发展，很多自清洁技术产生了，即不用经常对光伏组件板进行清洗，光伏玻璃表面具备自清洁功能，灰尘污渍等很难附着于玻璃表面。

2. 太阳能发电的劣势

1）光电转换效率不高

目前基于量产技术的晶硅光伏电池转换效率为18%～23%，而碲化镉光伏电池仅为14%左右。低的光电转换效率会导致低的光伏发电功率密度，不适于用作高功率发电系统。而要达到一定的功率输出，必须匹配相应的面积才行，但用电量大的地区一般都是寸土寸金的，这就使得光伏发电技术很难在发达地区普及。

2）间歇性发电

众所周知，地球上某一处的太阳能是一直在变化的，其受季节、天气、时刻以及入射光等因素影响，是间歇性的。

3）占地面积大

受地球表面太阳能能量密度低的影响，光伏系统平均每平方米面积上的发电功率仅为100W，因此如果需要获得较大的功率输出，就必须匹配大的占地面积，每10kW的光伏发电系统就需要 $100m^2$ 的占地面积。但随着光伏建筑一体化的发展，很多建筑物的楼顶以及立面的地方均可安装光伏发电组件，这也可对光伏发电占地大的问题给予一定程度的弥补。

2.3　太阳能电池工作原理

晶硅材料是目前商业化应用最多的晶硅光伏电池的最重要的部分。光伏用晶硅材料与半导体集成电路用硅材料相比，除了纯度比其低之外，其他方面一致，都是半导体材料。由于半导体材料具有光电效应这一特殊的物理性能，其可直接把光能转换成电能，因此绝大部分光伏电池均采用半导体材料作为其核心部件，其工作原理也与这一特殊物性紧密相关。

2.3.1　半导体简介

在人们的生活中，导体和绝缘体是比较常见的物质，二者物化性质分明，比较容易分辨，如金、银、铜、铁、铝等金属及合金材料等为导体，玻璃、橡胶、塑料及陶瓷等为绝缘体，而半导体则相对复杂些。若以电阻率作为评判标准，导体的电阻率小于 $10^{-4}\ \Omega\cdot cm$，绝缘体的电阻率大于 $10^{9}\ \Omega\cdot cm$，而半导体的电阻率则介于二者之间，即 $10^{-4}\sim10^{9}\ \Omega\cdot cm$，包括硅、锗、碲化镉以及砷化镓等。虽然半导体的电阻率在 $10^{-4}\sim10^{9}\ \Omega\cdot cm$ 范围内，但并不代表电阻率在这个范围内的材料都是半导体，这仅仅是用电阻率来区分三者而已，最终还需从材料结构上来判断一种材料是否为半导体材料。

一般来说，导体、半导体以及绝缘体都是固态的，而固态材料则是由原子组成的，原子又是由原子核和核外电子组成的。材料能够导电的机理是材料中存在自由电子，而自由电子则是由原子核外的电子脱离原子核的束缚后所形成的。由于大量的自由电子存在于金属体内，因此金属的电阻率低、易导电，其体内的电流是在电场作用下由这些自由电子沿着电场相反的方向有规则地流动所形成的。电流的大小与自由电子的数目及其流动的平均速度有关，自由电子在电场作用下规则流动的平均速度越高或其数量越多，则电流越大，而这种具备运载电流能力的粒子被称为载流子。对于绝缘体材料，其之所以对外不导电是因为常温下其体内的自由电子的数量极少，因此基本不受外界电场影响。对于半导体材料而言，极少量的载流子存在于纯的半导体材料体内，但载流子数量会在一些特殊条件改变后发生改变，例如，温度升高或者光照条件下，半导体的导电性会有所提升，这些是由其特殊的能带结构所决定的。

在半导体能带结构中，独立原子中的电子占据着一组非常固定的分立的能线，因为各个原子核外电子的相互作用，当独立的原子互相贴近时，原本处于独立原子状态时分开的能级产生扩展并互相重合叠加，从而形成了一系列分化的带状。其中有很多能量间隔非常小的能级存在于每个能带中，但能级不会出现在能带与能带之间，即禁带内。材料中的能级会按照能量从高到低的顺序被电子占据，而价带则为最后一个可能被电子占满的能带，即原子最外层价电子能级所占据的能带。而导带是处于价带上面的，其被电子占据，是一个空能带，称其为导带是因为电子占据导带后能够参与导电（图 2.2 展示了能带与带隙）。在温度以及光照等外界因素的影响下，电子很容易从价带跃迁到导带从而使之导电，但其导电性相对导体而言仍较差，原因是导体的导带与价带重叠，其禁带宽度为零，价带内的电子全部为自由电子，因此导体的导电性非常好。对于绝缘体而言，其非常宽的禁带致使电子很难从价带中跃迁到上面的空带，从而无法形成导带，也就导致其导电性非常差。

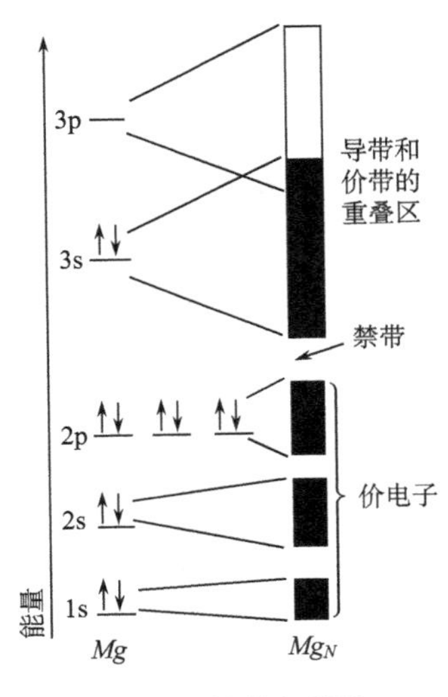

图 2.2　能带与带隙

半导体器件和集成电路的制作利用的就是半导体材料特殊的能带结构，由于目前存在很多种具备不同特性的半导体材料，每种半导体产品会根据自身的需求而选择不同的半导体材料，但所有这些半导体材料是具备一些共同的基本特征的。

1. 掺杂特性

由于半导体内载流子浓度会随其体内杂质含量的改变而变化，从而使其导电性发生改变，因此半导体掺杂可显著改变其导电性。除此之外，半导体材料的导电类型也是可以改变的，方法则是对半导体材料掺入不同类型的杂质。对硅半导体材料而言，因硅为Ⅳ族元素，当对其掺入Ⅲ族元素后（如硼），Ⅲ族元素会占据硅中替位并与旁边的硅原子形成共价键，导致硅中缺失一个电子，而这个缺失的电子一般用空穴来描述，并用受主杂质命名发生这种行为的杂质，用 p 型半导体来命名这种掺入了受主杂质的半导体，这种半导体是空穴导电型的。同理，若对硅掺入Ⅴ族元素磷后，磷原子占据硅中替位并与旁边的硅原子形成共价键，最终使磷原子最外层多出一个电子，我们用施主杂质命名发生这种行为的杂质，用 n 型半导体来命名掺入施主杂质的半导体，这种半导体是电子导电型的，如图 2.3 所示。

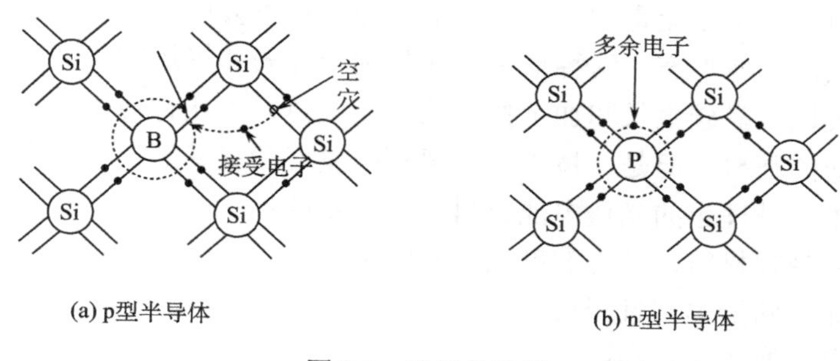

(a) p型半导体　(b) n型半导体

图 2.3　半导体类型

2. 温度特性

对于半导体而言，其电阻率的温度系数是负的，即当温度升高时，半导体的电阻率会迅速降低，也就是导电性会迅速上升。对于金属等导体而言，其电阻率的温度系数是正的，并且随温度变化不是很大。半导体和金属导体不同的导电机制造成了二者温度系数的不同。众所周知，载流子（电子、空穴）是半导体导电的根源，温度升高，其体内载流子的数量会迅速增加，同时也会造成晶格散射碰撞，但这种散射会小于载流子数量增加的速度，从而使得半导体电阻率下降，即导电性升高。而对于金属等导体而言，自由电子是金属导电的根源，温度升高，金属体内的自由电子数量基本不变，但会加剧金属原子振荡，从而引起更加频繁的自由电子碰撞，致使其电阻率稍有上升。人们利用半导体具有负的温度系数的特性制作了热敏电阻器。

3. 环境特性

除了上述掺杂和温度的影响，光照、磁场、电场以及压力等因素也会影响半导体材料的导电性，人们就是利用了半导体对光照的敏感特性制作了光伏电池。

结合太阳光谱理论分析可知，想要获得最高的光电转换效率，需采用禁带宽度为 1.4eV 左右的半导体材料制成光伏电池。除了禁带宽度的影响之外，电子在半导体中的跃迁还和带隙种类有关，包括直接带隙和间接带隙。对于直接带隙半导体而言，其价带顶和导带底的动量值相同，这说明在电子从价带向导带跃迁的过程中，没有动量的变化，因此电子在直接带隙半导体中较易实现跃迁。而在间接带隙半导体材料中，电子跃迁需要动量的变化，因此相对较难跃迁。除此之外，间接带隙半导体材料的光吸收系数也比直接带隙半导体材料小。虽然目前主流的光伏电池采用晶硅材料制成，但晶硅材料是间接带隙半导体且禁带宽度为1.12eV，因此其不是最适合做光伏电池的半导体材料。但晶硅光伏电池目前能占据最大的市场占有量，是因为硅材料在地壳中的储量丰富，仅次于氧，排在第二位，而且硅材料本身是无毒的。在地球上，硅材料不会以单质形式存在，沙子和石英是其主要的存在形态，这种形态是非常利于开采和提炼的。而随着半导体工艺技术的发展以及晶硅生长和加工技术的逐渐成熟，光伏行业主要选择晶硅材料作为光伏电池的基材。但是，技术是需要不断发展和更新的，应朝着理想目标去发展。以下条件是理想的光伏电池材料所需具备的：

（1）直接带隙材料，禁带宽度为 1.4eV 左右；

（2）地球中储量丰富且无毒；

（3）光电转换效率较高；

（4）较好的力学性能，便于加工；

（5）使用寿命较长，性能稳定。

2.3.2　光生伏特效应

简单来说，光生伏特效应是指受到光照的光伏器件两端会产生电压的现象，而这一现象的产生是需要 n 型半导体和 p 型半导体共同参与的。当 n 型和 p 型半导体结合后，其结合界面处会形成一个非常薄的结，即 pn 结。n 型半导体材料中多数载流子为电子，少数载流子为空穴，而 p 型半导体材料则相反，空穴为多子，电子为少子。二者结合后，必然会产生浓度梯度，其体内各自的多子必定会向对方扩散，n 区中的电子向 p 区扩散，p 区中的空穴向 n 区扩散，从而在二者结合处 n 区一侧留下固定的正电荷，p 区一侧留下固定的负电荷，产生空间电荷区，形成了一个由 n 区指向 p 区的电场，该电场被称为内建电场。载流子会在内建电场的作用下反向漂移，最终使得漂移和扩散达到平衡，此时的 pn 结处于热力学平衡状态，如图 2.4 所示。价带的电子在热平衡状态下会不停地被激发到导带从而产生电子空穴对，而为了保持总的载流子浓度不变，电子空穴对又会不停地发生复合。

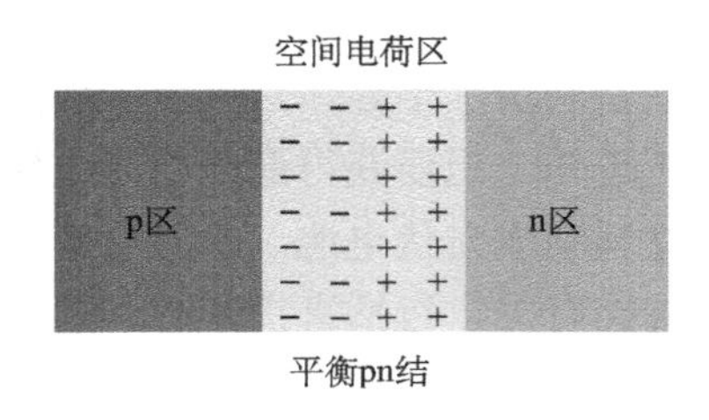

图 2.4　pn 结结构示意图

半导体在光照条件下会通过吸收能量高于其禁带宽度的光子发生本征吸收，这些吸收的光子会将半导体价带中的电子激发到导带，导致电子空穴对形成于 pn 结两侧，那么原有的热力学平衡状态就被打破了。光照前后的 pn 结能带对比图如图 2.5 所示。光生电子和空穴会在内建电场的作用下发生分离，使得 n 区的空穴到达 p 区，p 区的电子到达 n 区，从而导致 p 区电势升高，n 区电势下降，最终在 pn 结两端形成一个由 p 区指向 n 区的电动势，并在 pn 结内部形成了由 n 区向 p 区的光生电流，也就是上面提到的光生伏特效应。由于光生电压的方向与内建电场的方向相反，类似于加一个正向偏压在 pn 结两端，这将会削弱内建电场强度，降低势垒高度，并使得 p 区的空穴向 n 区移动，n 区的电子向 p 区移动，从而产生了一个与光生电流方向相反的电流，称之为正向电流或暗电流。正向电流会抵消光生电流，并导致提供给外电路的电流减小。

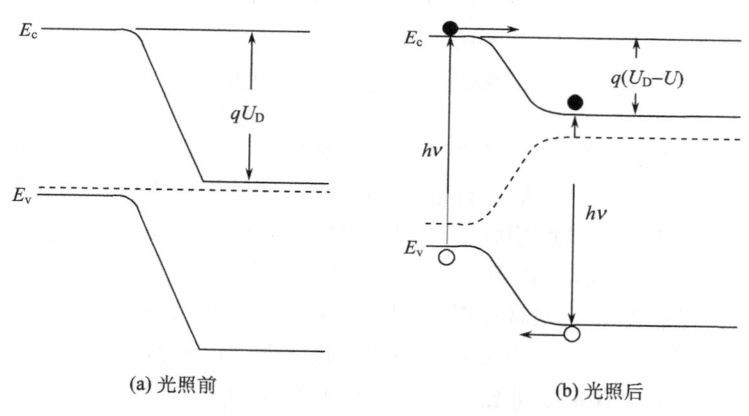

图 2.5　光照前后 pn 结能带结构

2.3.3　光伏电池工作原理

光伏电池在工作中需要完成以下四步才可实现光电转换：①在光照条件下，半导体应尽可能多地吸收光并将其转换为电子空穴对；②所产生的电子空穴对应能在半导体内扩散并于分离前不易复合；③这些电子空穴对可以被分离开来；④分离开的电子和空穴可被引出到外电路中。其中，分离电子空穴对的任务就是由 pn 结光生伏特效应处理的。下面我们以 p 型单晶硅光伏电池结构（图 2.6）为例来阐述光伏电池的工作原理。

众所周知，光入射到光伏电池表面后，会出现光的反射、吸收以及透射三种现象，而入射光的总能量即为三者的能量总和。为了尽量满足上述第①步的要求，透射和反射所占的比例需要被大大降低，降低光的反射可通过表面制绒和沉积减反射膜来实现，而透射可通过光伏电池背场的改善来解决。

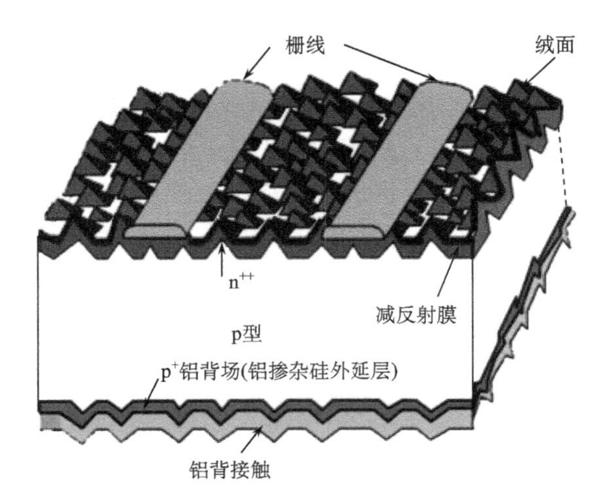

图 2.6　典型 p 型硅电池结构与工作原理

表面制绒：在扩散制 pn 结之前，需在硅片表面制造一些几何结构（绒面结构）来减少光在硅表面的反射。硅表面的这些几何结构可以使得入射光在硅表面发生多次反射及吸收，从而增强对光的吸收作用，最终也就表现为表面反射率降低。虽然硅表面几何结构可以有效地降低反射率，但其同时也增大了硅片表面积，这就加大了扩散制结和沉积减反射膜/钝化膜的难度，那么这两个工序的工艺也需进行相应的调整。但当硅表面绒面结构尺寸过小时，其减反射效果得到了显著的提升，但其表面复合速率是非常大的，钝化膜也很难将整个表面钝化得很好，因此不能纯粹地追求低反射率。当绒面结构尺寸小于波长时，其减反射原理就不是所谓的几何减反了，而是跟折射率相关的。

减反射膜：对于晶硅光伏电池而言，一般选用氮化硅薄膜用于对光进行减反射，而其厚度和折射率一般分别为 80nm 和 2 左右，这都是根据光的干涉原理而定的。在众多薄膜中，除了氮化硅薄膜之外，适当厚度和折射率的氧化硅、氧化铝以及氧化铁等薄膜也可作为光伏电池的减反射膜，而行业最终选择氮化硅薄膜是因为其性价比最高。氮化硅薄膜除了可以起到减反射效果之外，其也可对硅表面起到钝化作用，这归功于其制备过程中产生的大量氢，氢可钝化硅表面悬挂键及其体内的缺陷，从而减小载流子的复合速率，因此这层薄膜也可称为钝化层。

上述第①步结束之后，由于吸收了大量的光子，电池体内就产生了大量的电子空穴对。这些电子空穴对需要扩散到内建电场才能被分离，而在这个扩散过程中就会发生电子空穴对的复合，那么光电转换效率也就大大降低了，因此降低电子和空穴的复合速率是非常关键的，这也就是上述第②步。除了表面钝化层对光伏电池复合速率的影响之外，硅片的晶体质量也是非常关键的影响因素。杂质含量小、位错少的硅材料中电子空穴对的复合概率也就小。对此，对直拉单晶硅和铸造多晶硅而言，一般采用纯度为99.99%以上的多晶硅为原料，所制出的硅片的纯度为99.9999%。而第③步中，最重要的就是光生伏特效应，其是电子和空穴分离的核心，2.3.2 节已稍有介绍，不再赘述。电子空穴对被分离后需将其收集并引到外电路上才能实现发电，也就是上述第④步。对于晶硅光伏电池而言，其正反面均采用金属作为电极将电子空穴对导出，正面为银栅线，背面为铝背场，二者均采用丝网印刷技术制成。正面的银栅线又分为主栅线和细栅线，细栅线的作用是收集电池中所产生的电流，而主栅线的作用则是将所有细栅线收集的电流通过主栅线与焊带连接导到外电路，主栅线和细栅线的数目、粗细将直接影响到遮光率及银浆成本。而铝背场是在硅片背表面形成铝硅合金后铝再从硅中析出所产生的，是一层重掺杂的 p 型硅层，即 p^+层。铝背场的作用是非常显著的，既可降低电池背表面的载流子复合的速率，显著提升电池开路电压和短路电流，也可在背面与硅形成欧姆接触，降低电池串联电阻，从而提高电池填充因子。这层铝背场 p^+层后面还有一层金属铝层，这是丝网印刷工艺所决定的，这层金属铝层可作为背电极导电层。在实际生产工艺中，先是在背面印刷铝浆，升温后，与硅接触的铝融入硅中形成铝硅固溶体，在降温过程中，铝再从硅中析出从而在硅背面形成一层 p^+层，多余的铝则留在背面作为背电极。

2.4　太阳能电池的特性参数

2.4.1　标准测试条件

由于光源辐照度、电池的温度和照射光的光谱分布等因素会直接影响光伏电池的光电性能，因此实际功率计效率测试必须在指定的条件下进行。目前国际上光伏电池的标准测试条件如下：

（1）AM1.5 地面太阳光谱辐照度分布（AM1.5 指的是大气质量为 1.5）；

（2）光源辐照度为 1000W/m^2；

（3）测试温度为 25℃。

上述光照强度和大气质量是综合了全球各地的情况而产生的结果，那么为何选择 AM1.5 以及 1000W/m^2 的辐照度就涉及大气质量和太阳光谱的知识了。

太阳光线穿过一个地球大气层的最短路程是在太阳与天顶轴重合时，我们将大气质量定义为太阳光线的实际路程与该最短路程的比值，同时假定海平面上太阳光线垂直入射时 m=1 的条件为 0℃以及一个标准大气压。而 m=0 的情况是指大气层上界的大气质量，除此之外，其他位置的大气质量都是大于 1 的，比如当太阳光线和垂直方向的夹角是 48.2° 时，大气质量为 1.5，通常写成 AM1.5。大气质量的示意图如图 2.7 所示。

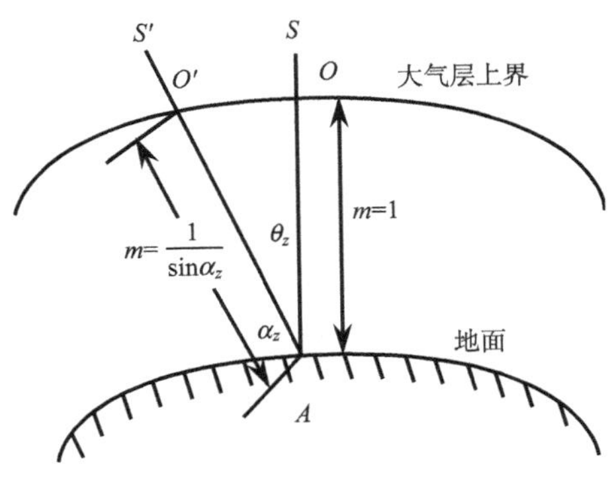

图 2.7　大气质量示意图

在地球大气层上垂直于太阳辐射方向上接收到的功率会随着日地距离而变化，一般在 1328W/m^2 到 1418W/m^2 之间，且辐射波长在 0.1μm 至几百微米范围内。为了将不同日地距离时地球接收到的太阳辐照强度统一标准，将在平均日地距离处单位面积上垂直于太阳辐射方向所接收到的太阳总辐照度定义为太阳常数，为（1367±7）W/m^2，这个数值是全球公认的，是采用人造卫星、气球、火箭对太阳辐射进行大量测试得到的综合性结果，而且很多国家都做了这项工作，并得到了一致的结果。除此之外，满足太阳常数数值的根据波长分布的太阳辐照度表也被确定了，并根据该表绘制出了 6000K 绝对黑体的辐射曲线、大气上界的太阳辐射曲线以及到达地球的太阳辐射曲线（图 2.8）。

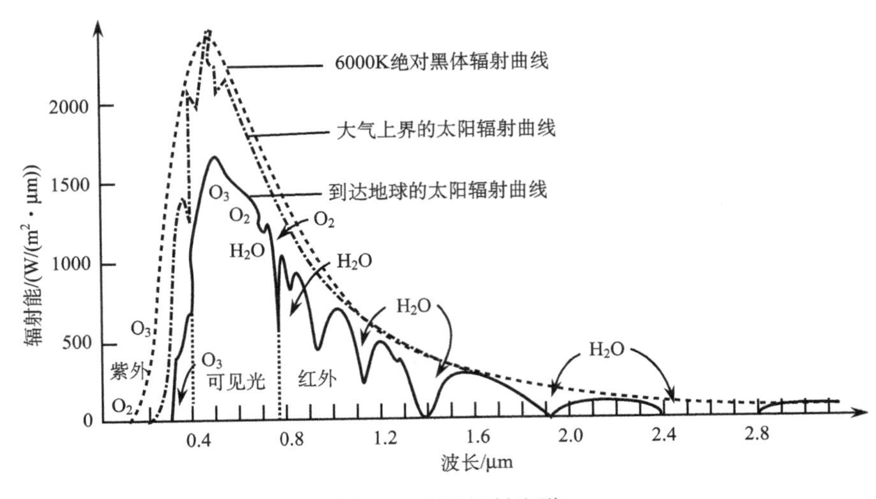

图 2.8　太阳辐射光谱

很明显，到达地球的太阳辐射强度明显比大气上界的太阳辐射强度要弱，这是大气层的作用。因为在大气层中存在很多吸收太阳辐射的物质，除了成分固定的气体氢、氦、氧、氯等之外，大气层中还存在很多悬浮的尘埃、烟及花粉等固体颗粒以及二氧化碳、臭氧和水汽等成分不固定的气体分子，形成云的核心也是这些颗粒。大气中这些颗粒以及不固定分子会对通过大气层的太阳辐射产生反射、散射以及吸收，从而致使到达地球表面的太阳辐射强度被削弱。

AM1、AMl.5、AM2 太阳光谱为在不同大气质量下单位面积上垂直于太阳入射方向所得到的太阳光谱，显然，只有在南、北回归线之间的某个时刻才能获得 AM1 太阳光谱，而地球表面大部分地区都可以获得 AM1.5 太阳光谱，因此在光伏电池的标准测试中，AM1.5 被选为测试光谱。

除了太阳光辐射方向之外，大气中可吸收、反射、散射太阳辐射的物质的量也会影响到达地面的太阳光谱，这就很复杂了，因为大气污染及气相都会对其造成很大的影响。

第一，大气层对太阳辐射的吸收作用。大气中的水汽、氧和臭氧是吸收太阳辐射的主要物质。对于氧，众所周知，占了大气体积的 21%，而波长小于 0.2μm 的紫外线又会被其吸收，尤其是波长在 0.155μm 以下的光，因此在地球表面几乎检测不到波长 0.2μm 以下的太阳辐射。对于臭氧，高层大气中的臭氧含量最多，一般在 10～40km 的高空，尤其 20～25km 范围内最多，而臭氧几乎不会存在于底层大气中。在整个太阳光谱范围内，都会存在臭氧的吸收作用，但其主要还是吸收 0.2～0.32μm 以及 0.6μm 处的太阳光。由于臭氧对太阳辐射的吸收范围处于太阳辐射最强区，因此虽然臭氧的吸收系数不是很大，但其对太阳辐射的吸收仍约占了总辐照度的 2.1%。而对太阳辐射吸收最多的是水汽，占了太阳总辐照度的 20%左右，主要在可见光及红外波长范围。除此之外，大气中的尘埃颗粒也会吸收一定的太阳辐射，只是占比较小。

第二，大气层对太阳辐射的散射作用。大气中的各种气体分子、尘埃、水分子（云雾）等都会对太阳辐射有散射作用。与吸收不用的是，散射仅仅是改变太阳辐射的方向，使直射光变为漫射光，不会把辐射能转变为热运动能。有些太阳辐射甚至会被大气中的这些物质散射出大气层而无法再次回到地球表面。对于太阳辐射被散射的程度影响因素，散射粒子的尺寸是最关键的，通常分为分子散射和微粒散射两种方式。分子散射是指辐射波长大于散射粒子尺寸的情况，此时散射强度和波长的四次方成反比。长波长光的透明度较大，即受大气层的散射作用较弱，而短波长光的透明度较小，即受大气层的散射作用较强，而我们通常看到的蓝色天空就是由短波长光散射所产生的。而微粒散射是指辐射波长小于散射粒子的情况，这种情况下，散射强度会随着波长的增大而增强，且微粒散射对长波和短波的散射强度没有很大区别，有时可能还会出现短波散射弱于长波散射的情况。有时候我们会看到天空中呈现乳白色或红色，此时的空气是很混浊的，这就是微粒散射引起的，一般用“混浊度”来表示。

第三，大气层对太阳辐射的反射作用。能起到该作用的主要是大气层中的云层，其反射强度与云层厚度、形状以及多少有关。通常情况下，云层的反射系数很大，可达 50%以上，并会随着气候而变，不规则。除此之外，对太阳辐射能产生反射作用的还有建筑物表面。

综上所述，综合考虑全球所有地区情况，AM1.5 光谱被选为标准测试光谱，由于 AM1.5 光谱的能量密度接近 970W/m^2，为了计算方便，将其归一化为 1000W/m^2。

2.4.2　太阳能电池的表征参数及等效电路

在理想情况下并有光照时，与负载连接的光伏电池可以看成是一个一直产生光生电流 I_{ph} 的恒流源，并有一个处于正偏置的二极管与其并联，而通过此二极管 pn 结的漏电流 I_i 称为暗电流，其等效电路如图 2.9（a）所示。暗电流其实就是在外电压作用下于无光照条件下流过 pn 结的电流，暗电流方向与光生电流方向相反，因此会抵消掉一部分光生电流。暗电流的表达式为

$$I_i=I_0(e^{qU/(AkT)}-1) \tag{2-1}$$

其中，U 为等效二极管的端电压；A 为二极管曲线因子，取值在 1～2；T 为热力学温度；q 为电子电量；I_0 为反向饱和电流，是在无光照条件下通过 pn 结的少数载流子的空穴电流和电子电流的总和。

根据理想光伏电池工作电流可知，流过负载两端的工作电流为

$$I=I_{ph}-I_i=I_{ph}-I_0(e^{qU/(AkT)}-1) \tag{2-2}$$

上述是理想情况，而实际上光伏电池自身也存在电阻，包括并联电阻（或旁路电阻）R_{sh} 和串联电阻 R_s。半导体的晶体缺陷、耗尽区内的复合电流或电池表面污染引起的边缘漏电等原因会产生并联电阻 R_{sh}，一般为几百欧，该数值越大，说明电池性能越好，反之则越差。而半导体材料的体电阻、金属电极本身的电阻、金属电极与半导体材料的接触电阻以及扩散层的横向电阻四个部分组成了电池的串联电阻 R_s，一般小于 1Ω，其中扩散层的横向电阻对串联电阻的贡献最大。其等效电路如图 2.9（b）所示。

并联电阻 R_{sh} 两端的电压 $U_j=U+IR_s$，所以流过 R_{sh} 的电流 $I_{sh}=(U+IR_s)/R_{sh}$，因此流过负载的电流为

$$I=I_{ph}-I_i-I_{sh}=I_{ph}-I_0(e^{qU/(AkT)}-1)-(U+IR_s)/R_{sh} \tag{2-3}$$

负载两端的电压 U 和流过的电流 I 会随着负载电阻的变化而变化，当负载电阻 R 从零增加到无穷大时，所获得的 U 和 I 之间的关系曲线称为光伏电池的伏安特性曲线，也可称为 I-U 或 I-V 特性曲线。

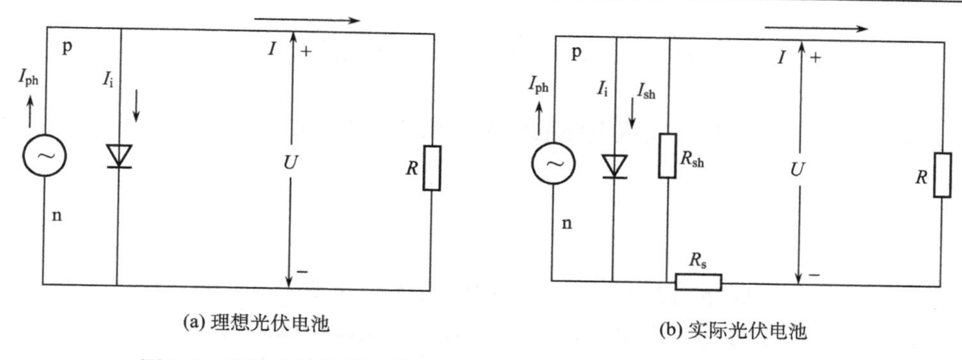

(a) 理想光伏电池　(b) 实际光伏电池

图 2.9　光伏电池等效工作电路图（图中所示为 n 型硅光伏电池）

实际上，一般是通过实验测试方法得到光伏电池的 I-U 特性曲线，而不是通过计算。将一个可变电阻 R 与光伏电池串联，在一定的温度和太阳辐照度下，使 R 的电阻值由零（即短路）逐渐变到无穷大（即开路），同时测量电阻两端的电压和通过电阻的电流。横坐标代表电压，纵坐标代表电流，将各个阻值下测得的电压和电流值所构成的点连成线，即为该电池在此辐照度和温度下的伏安特性曲线，如图 2.10 所示。

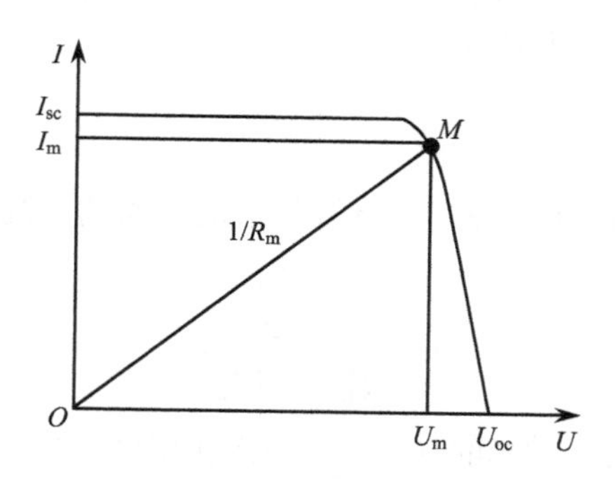

图 2.10　光伏电池伏安特性曲线

接下来围绕光伏电池的 I-U 特性曲线介绍光伏电池的开路电压 U_{oc}、短路电流 I_{sc}、最大输出功率 P_m、光电转换效率 η、填充因子 FF 以及量子效率 QE。

1. 开路电压 U_{oc}

光伏电池开路电压是其伏安特性曲线与横坐标轴的交点处的电压值，即在开路情况下光伏电池的端电压，用 U_{oc} 表示。我们可以近似地认为光伏电池的并联电阻为无穷大，串联电阻为零，即理想的光伏电池。因此，当处于开路情况时，$I=0$，所测得的电压 U 则为开路电压 U_{oc}，那么由式（2-2）可知

$$U_{oc}=\frac{AkT}{q}\ln\left(\frac{I_{ph}}{I_0}+1\right)\approx\frac{AkT}{q}\ln\frac{I_{ph}}{I_0} \tag{2-4}$$

量产的铝背场单晶硅光伏电池的开路电压约为650mV，同时 U_{oc} 的大小与电池面积无关。

2. 短路电流 I_{sc}

光伏电池的短路电流是其伏安特性曲线与纵坐标轴交点处的电流值，即光伏电池在端电压为零时的输出电流，通常用 I_{sc} 来表示。由式（2-2）可知，当 U=0时，$I_{sc}=I_{ph}$。I_{sc} 与光伏电池的面积大小有关，这点与开路电压不同，电池面积越大，I_{sc} 则越大；目前，面积为 1cm^2 的单晶硅光伏电池 I_{sc} 为38mA 左右。

3. 最大输出功率 P_m

开路时，光伏电池的输出功率 P 为0，随着负载电阻降低，电流和功率都逐渐增大，但短路时电流和功率都为0，而在开路和短路之间一定会有一个最大值，我们称其为最大输出功率 $P_m=U_mI_m$（U_m、I_m 分别为最大输出功率点的电压和电流）。光伏发电系统技术的首要任务就是要随时跟踪匹配，使得光伏电池均在最大功率点工作，产生最大输出功率。

4. 光电转换效率 η

光伏电池的最大输出功率 P_m 与照射到电池表面的光功率 P_L 之比即为光电转换效率，如下：

$$\eta=\frac{P_m}{P_L}=\frac{U_mI_m}{A_iP_{in}} \tag{2-5}$$

式中，P_{in} 为单位面积上入射光的功率；A_i 为光伏电池总面积，包括栅线面积在内。目前量产的晶硅光伏电池的光电转换效率为18%～23%。

5. 填充因子 FF

光伏电池的 P_m 与 U_{oc} 和 I_{sc} 的乘积之比即被定义为填充因子，用 FF 表示，FF 的大小可直接反映光伏电池性能的优劣，其公式如下：

$$\mathrm{FF}=\frac{P_m}{U_{oc}I_{sc}} \tag{2-6}$$

FF 是电池工艺质量的常用表征参数，其物理意义可以表示为 I-U 曲线的“直方度”。在光伏电池 I-U 特性曲线上，通过短路电流坐标点所作水平线与通过开路电压坐标点所作垂直线和纵坐标及横坐标所包围的矩形面积是该电池有可能达到的极限输出功率值，我们用 A 表示；而通过 I-U 曲线上最大功率点所作的水平线和垂直线与横坐标及纵坐标所包围的矩形面积是该电池的实际最大输出功率值，我们用 B 表示。那么，该电池的填充因子则为两者之比，即 FF=B/A。

光伏电池的 FF 与电池的 R_s 和 R_{sh} 有关，R_s 越小、R_{sh} 越大，则 FF 越大，即电池 I-U 曲线所包含的面积就越大，也就表示该光伏电池的 B 的面积越来越接近 A，I-U 曲线的形状也越接近于方形。但是，光伏电池的 I-U 曲线不可能为方形，也就是 FF 的值不可能为 1，原因在于光伏电池的 R_s 不为零，R_{sh} 不是无穷大。目前晶硅光伏电池的 FF 一般为 0.8 左右。

6. 量子效率 QE

光伏电池将入射光子转化为电荷输出的效率称为量子效率 QE（quantum efficiency），分为外量子效率 EQE 和内量子效率 IQE，二者主要区别是 IQE 不包含光反射，而 EQE 包含了，如下：

$$\mathrm{IQE}=\frac{J_{\mathrm{ph}}}{qQ(1-R)} \tag{2-7}$$

$$\mathrm{EQE}=\frac{J_{\mathrm{ph}}}{qQ} \tag{2-8}$$

式中，J_{ph} 为电流密度，$J_{ph}=I_{ph}/A_i$；R 为光反射率；Q 为单位面积、单位时间入射光子数。量子效率也可称为光伏电池的光谱响应，其与入射光的波长是紧密相关的。IQE 的测试结果反映的是电池本身的光谱响应，不受电池表面减反射结构等影响；而 EQE 则体现了光伏电池的整体光谱响应，包括了表面反射率的影响。图 2.11 是对一种 p 型硅光伏电池 IQE 的理论计算分析的结果，显然，电池表面 n

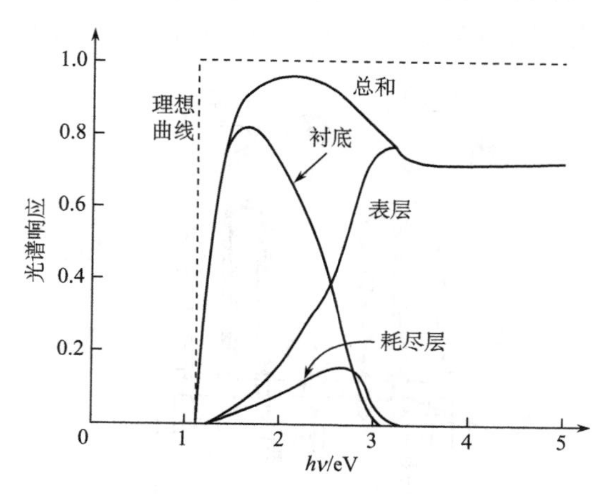

图 2.11　一种 p 型硅光伏电池内部各区域（衬底，表层 n 型区，耗尽层）对 IQE 的贡献及光伏电池总量子效率的理论计算结果。虚线代表理想内量子效率曲线

区对应着较短波长范围的量子效率，p 型硅对应着较长波长范围的量子效率，而耗尽层对量子效率的贡献也是不可忽视的。因此，我们就可以通过量子效率曲线来分析电池对应部位的性能。

2.5　几种典型太阳能电池及其材料

2.5.1　晶硅材料及晶硅太阳能电池

1. 晶硅材料

目前，占据光伏市场绝大部分份额的是晶硅光伏电池，包括多晶硅光伏电池和单晶硅光伏电池，都是采用晶硅为基材制成的。现在一般通过对优质石英砂（硅砂）的处理及提炼来制得硅材料，石英砂中的二氧化硅含量在 99%以上。制备过程是在 1820～2000℃的条件下让石英砂和焦炭（或木炭）发生还原反应从而制得硅材料的，这样制备的硅材料称为冶金级硅，化学反应方程式为

$$SiO_2+2C \longrightarrow Si+2CO\uparrow \tag{2-9}$$

但是，这样的冶金级硅的纯度是很低的，其体内含有大量杂质，这种纯度还达不到用于制备光伏电池的标准，后续仍需对其进行进一步提纯处理从而制备高纯晶硅材料。目前主要有三种生产高纯晶硅材料的方式。

1）改良西门子法

目前，行业中主要采用西门子法来制备多晶硅材料，该方法是在西门子钟罩式反应器中进行的还原反应，采用三氯氢硅（$SiHCl_3$）为还原气体，被还原的多晶硅则沉积在倒 U 形的加热的硅芯上，硅芯的温度为 1100℃左右，反应炉结构示意图如图 2.12 所示。由于最早研发出这个方法的是西门子公司，因此被称为西门子法。

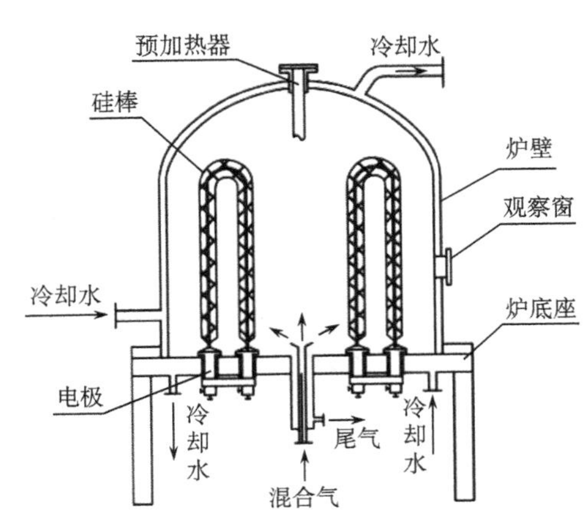

图 2.12　西门子反应炉结构示意图

目前生产多晶硅材料的系统涉及许多化工原料、中间产物和最终产物，是一个非常庞大的化工系统。其步骤有：$SiHCl_3$原料的合成、$SiHCl_3$的精馏提纯、$SiHCl_3$的还原、反应尾气的干法回收和分离以及四氯化硅（$SiCl_4$）的氢化等，其工艺流程如图2.13所示。

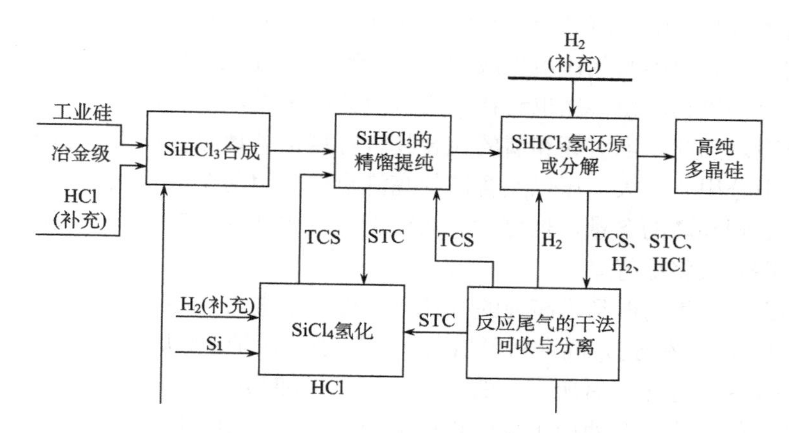

图2.13　西门子法多晶硅闭环生产过程

第一步是合成$SiHCl_3$，其由金属硅粉和氯化氢反应生成所得，其化学反应式为

$$Si+3HCl \xlongequal{} SiHCl_3+H_2\uparrow \tag{2-10}$$

反应发生在沸腾炉中，反应温度为280～320℃，反应过程是放热反应，约为209kJ/mol。在该反应过程中，反应温度的控制非常关键，温度升高，四氯化硅（$SiCl_4$）的生成量会不断变大，当温度超过350℃后，会生成大量的$SiCl_4$，而当反应温度低于280℃时，将生成更多的二氯化硅烷（SiH_2Cl_2）。在沸腾炉中的反应还会产生各种氯硅烷以及Fe、C、P、B等的聚卤化合物，如AgCl、$MnCl_2$、$CaCl_2$、$ZnCl_2$、$TiCl_4$、$AlCl_3$、$CrCl_3$、$PbCl_2$、$FeCl_3$、BCl_3、CCl_4、$NiCl_3$、$CuCl_2$、$InCl_3$及PCl_3等。那么，要得到纯正的$SiHCl_3$，就需要通过精馏来去除这些杂质氯化物从而获得更纯的$SiHCl_3$。

采用精馏技术实现连续高纯度分离的关键在于各个组分挥发度的差异，通过控制这一点达到除杂提纯的目的。精馏塔为精馏技术的核心设备，将料液从塔的中间位置连续地往塔内加入，为了使得塔顶的蒸气可被冷凝为液体，在塔的顶部装有冷凝器。通过冷凝器冷凝的液体一部分会被作为塔顶产品（馏出液）连续排出，剩余的回到塔顶部成为回流液。在回流液体和塔内加料位置以上部分的上升蒸气之间连续不断地进行着物质传递和接触。另外，在精馏塔底部装有再沸器，即蒸馏釜，作用是用来加热液体使其变成蒸气，蒸气会自塔底向上升，下降的冷凝液与之接触后发生物质传递，而塔底产品则为塔底连续排出的液体。

合成后的 $SiHCl_3$ 为含有 Ni、Cr、Al、As、Fe、Cu、Sb 等元素的氯化物，其蒸气压比 $SiHCl_3$ 的蒸气压小得多，属于高沸点组分，精馏过程中较易分离。而精馏中较难分离彻底的杂质元素主要是 B 和 P，它们主要以 BCl_3，$BHCl_2$，PCl_3，PCl_5 和 $POCl_2$ 等化合物形式存在。根据这些化合物的沸点分析可知，磷元素应该主要在高沸点组分中，而硼元素则应在低沸点组分中。但是，BCl_3 会与金属，金属硼化物以及其他还原剂作用生成 B_2Cl_4（沸点比 $SiHCl_3$ 高）等，这些复杂的化合物或络合物等物质使得硼也会在高沸点组分中出现，同样，磷也会在低沸点的组分中出现。因此，当对硼和磷的化合物进行精馏处理时往往需要加压，如含硼的低沸点组分用 4 个大气压以及含磷的高沸点组分用两个大气压等。另外，若要进一步降低硼和磷的含量，也可尝试在精馏过程中加入反应材料生成硼、磷的络合物，精馏效果将更好。

精馏之后，我们得到了高纯的 $SiHCl_3$，接下来进入 $SiHCl_3$ 的还原阶段。所得高纯的 $SiHCl_3$ 气体与 H_2 混合稀释后进入西门子反应炉中，炉内压力为 4～6 个大气压。$SiHCl_3$ 经过热解后所产生的硅会沉积在被加热的硅芯表面，并逐渐形成直径越来越大的硅棒。在西门子反应炉中的反应主要为如下反应式：

$$2SiHCl_3 = SiH_2Cl_2 + SiCl_4 \quad (2\text{-}11)$$

$$SiH_2Cl_2 = Si + 2HCl \quad (2\text{-}12)$$

$$SiHCl_3 + H_2 = Si + 3HCl \quad (2\text{-}13)$$

$$SiHCl_3 + HCl = SiCl_4 + H_2 \quad (2\text{-}14)$$

反应结束后流出反应器的气体中包含有 $SiHCl_3$、$SiCl_4$、SiH_2Cl_2 以及 HCl。

作为反应沉积面的硅芯可以用区熔法拉制成为直径 7～10mm 的硅棒，或者先用直拉单晶硅法，即 CZ（czochralski）法拉制硅棒，再用金刚线切割机将硅棒切成边长为 7～10mm 的正方形截面长硅棒。反应后生成的硅棒直径一般为 150～170mm。该硅棒在最终成为市场上流通的原生多晶硅料之前，一般要先对其进行破碎。

还原炉中的 $SiHCl_3$ 最多约 15%可转化成多晶硅，其余 85%的 $SiHCl_3$（部分反应生成副产物）都需回收，循环后再利用。还原尾气中的 H_2、HCl、$SiHCl_3$ 以及 $SiCl_4$ 等组分经鼓泡、氯硅烷喷淋洗涤、加压并冷却到一定的温度（其中 $SiHCl_3$ 和 $SiCl_4$ 几乎可以被全部冷凝下来），冷凝后的氯硅烷混合物经分离塔分离后，分别得到 $SiHCl_3$ 和 $SiCl_4$、$SiHCl_3$，这些分离产物将直接返回还原工序用于生产多晶硅，其中，$SiCl_4$ 经氢化部分转化为 $SiHCl_3$（有热氢化和冷氢化两种），然后在分离提纯后返回还原工序生产多晶硅。

2）硅烷法-硅烷热分解法

硅烷可采用 $SiCl_4$ 氢化法、氢化物还原法、硅合金分解法以及硅的直接氢化法等制取，所制得的硅烷气体经提纯后可在热分解炉内生成纯度较高的棒状多晶硅。以下以 $SiCl_4$ 氢化法为例说明。

第一步，$SiCl_4$ 的氢化。该过程采用的是流化床，其反应温度为 500～550℃，压力为 20～35 个大气压，1∶1 的 $SiCl_4$ 和 H_2 通过铺盖的金属硅粉可生成 20%～30%的 $SiHCl_3$，具体反应式如下：

$$3SiCl_4+2H_2+Si=4SiHCl_3 \quad (2\text{-}15)$$

第二步，经精馏处理后获得 $SiHCl_3$，而那些没有反应完全的 $SiCl_4$ 则被循环回到氢化炉内继续氢化处理。精馏后的 $SiHCl_3$ 于固定床中在季铵盐阳离子交换树脂的催化作用下经过两个再分配反应而生成硅烷，反应式如下：

$$2SiHCl_3=SiH_2Cl_2+SiCl_4 \quad (2\text{-}16)$$

$$3SiH_2Cl_2=SiH_4+2SiHCl_3 \quad (2\text{-}17)$$

再用精馏方法对反应的产物进行分离，分别进入相应的反应器中，如此循环往复。

第三步，精馏处理后的硅烷气，在西门子反应炉中进行热解生成硅原子，最终于加热的硅芯上沉积生成多晶硅，反应式如下：

$$SiH_4=Si+2H_2 \quad (2\text{-}18)$$

3）流化床法

流化床法是指将 $SiCl_4$、H_2、HCl 和工业硅作为原料放在流化床（沸腾床）内，于高温高压下生成 $SiHCl_3$，然后将 $SiHCl_3$ 和 H_2 反应生成 SiH_2Cl_2，并最终生成 SiH_4 气体。最后将制得的 SiH_4 气体通入加有小粒度硅粉的西门子反应炉内进行连续加热处理，使 SiH_4 发生分解反应，从而生成粒状的多晶硅。

2. 晶硅太阳能电池

1）单晶硅太阳能电池

晶硅太阳能电池是典型的 pn 结型光伏电池，该种电池的研究最早、应用也最广泛，是最基本且目前市场规模最大的光伏电池。硅中电子的迁移率为 1350cm/(V·s)，远远大于空穴的迁移率 480cm/(V·s)，因此在实际器件制备工艺中，一般采用电阻率为 1～3Ω·cm、厚度为 180μm 的（100）晶面的掺硼 p 型硅材料作为基质材料，并通过扩散 n 型掺杂剂，形成 pn 结，其结构及电池照片如图 2.14 所示。

单晶硅电池制造分成三个过程：①将硅材料做成单晶硅棒；②把单晶硅棒切成硅片；③硅片表面清洗制绒、扩散制 pn 结、去背结及边缘结、沉积减反射膜、印刷电极及烧结，得到电池片。

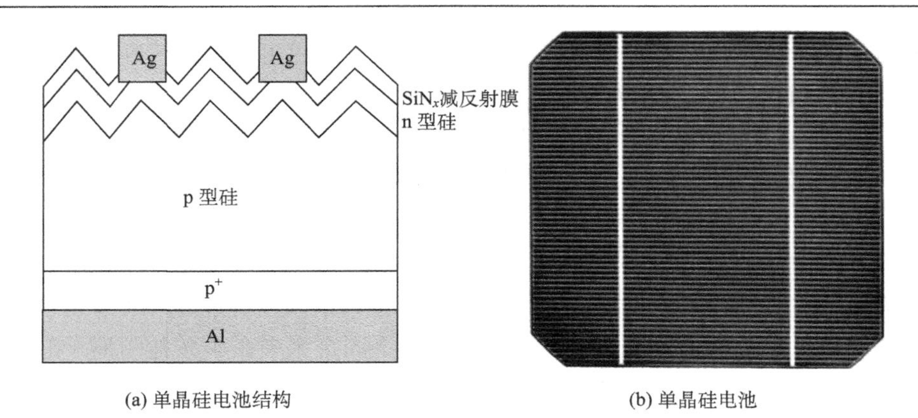

(a) 单晶硅电池结构　　(b) 单晶硅电池

图 2.14　p 型 Al 背场单晶硅光伏电池

（1）制造单晶硅棒。多晶硅料溶解后做成单晶硅锭，可采用熔体生长或者气相沉积。目前，国内外一般采用直拉单晶硅法来制造单晶硅棒。直拉单晶硅法，即 CZ 法，是将高纯多晶硅料或半导体行业所生产的次品硅（单晶硅和多晶硅的头尾料）装入单晶炉的石英坩埚内，在适当的热场中，在真空或保护气氛下对硅料加热使之熔化，然后用一个经过加工处理的晶种（籽晶）与熔硅充分接触，并以一定的速度旋转并向上缓慢提拉，通过晶核的诱导以及控制特定的工艺条件和掺杂技术，使硅熔体沿籽晶定向凝固、成核、长大，从熔体上被缓缓提拉出来，最终形成单晶硅棒。直拉单晶硅制备示意图如图 2.15 所示，其步骤有：装料、熔化、稳定、浸润、缩颈、放肩、等径、收尾和冷却，如图 2.16 所示。

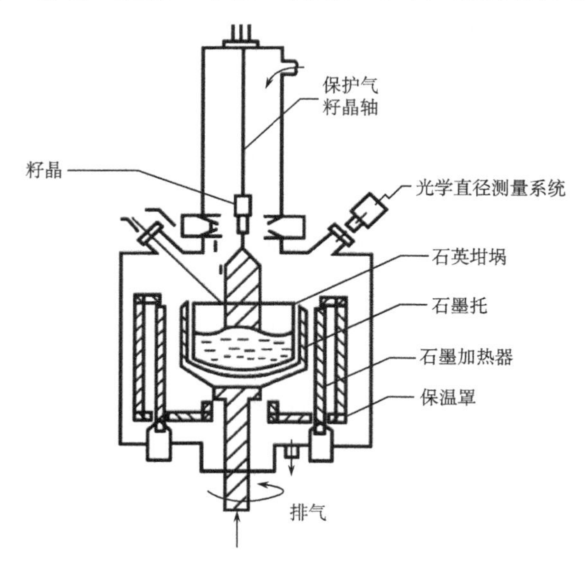

图 2.15　直拉单晶硅制备示意图

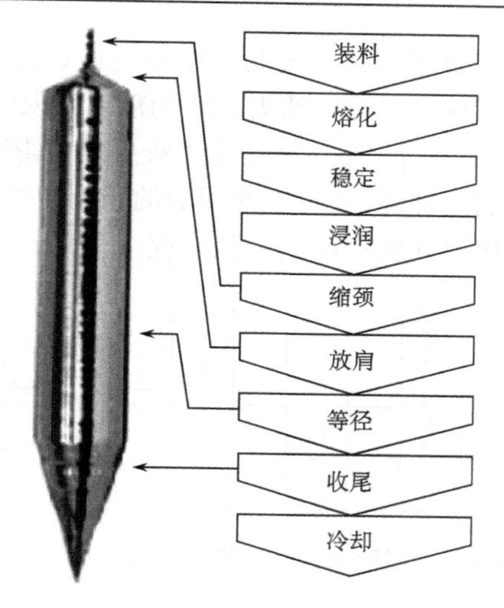

图 2.16　直拉单晶硅相应生长部位和单晶生长步骤的关系示意图

（2）单晶硅片制造。单晶硅片的加工可以分为表面整形、定向、切割、研磨、腐蚀、清洗等工艺处理，之后就被加工成具有一定厚度、直径、晶向、表面平行度、光洁度、平整度且表面无崩边、无缺陷的单晶硅片。如图 2.17 所示是一种典型的单晶硅片加工工艺流程。

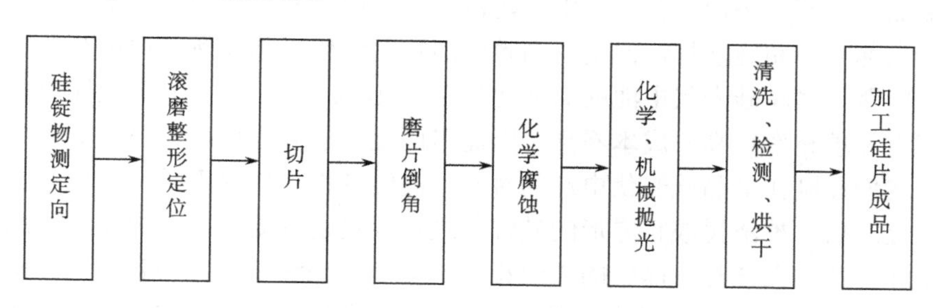

图 2.17　单晶硅片加工工艺流程

遵照技术标准把硅锭切割成硅片之后，就可以被用作光伏电池制造的基体材料。最初，人们一般使用内圆切割机来切割硅片，但现今利用线切割技术取而代之，这种技术方法分为金刚线切割和砂浆切割。砂浆切割指的是利用含有金刚砂的切割浆料，切片的目的是通过金属丝线的运动来实现的。而金刚线切割技术是指在通过镶嵌金刚石颗粒在切割线上来实现切割硅片目的的一种技术，该技术的优势为切割线使用寿命长、切割速度快等，因此，这种技术正逐渐成为主流技术。

（3）电池片制备。硅片、表面处理、磷扩散制结、去边缘结和背结、沉积减反射膜和丝网印刷及烧结为晶硅光伏电池制造的主要工序。光伏电池为实现光电转换需要一个面积较大的pn结，这是它与其他半导体器件的主要区别，其中导出电能是由电极完成的，减反射膜可以使更多的光被电池吸收，从而使输出功率得到进一步提高。通常意义上，pn结特性在很大程度上能影响电池光电转换效率，而电极不但会影响电池的电性能，还对电池寿命的长短和可靠性有所影响。图2.18所示为典型的晶硅光伏电池的生产制造工艺流程。

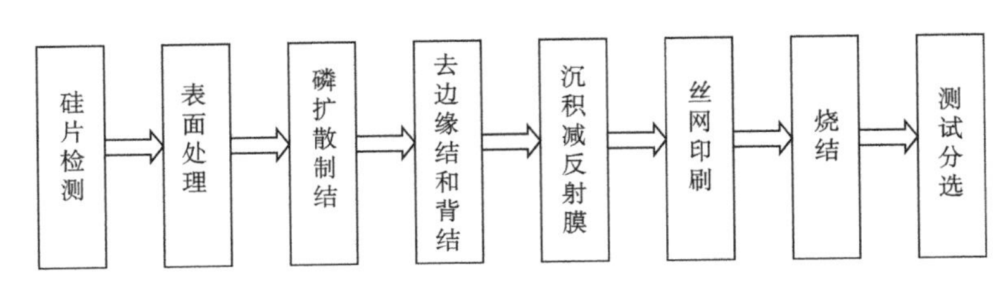

图2.18　晶硅光伏电池的生产制造工艺流程

2）多晶硅太阳能电池

如何把晶硅光伏电池的成本降低是多晶硅生产工艺被人们研究发现的主要原因，它的优点有以下几点：可以规模化地、直接地制备出方形硅锭；仅需要简易的设备；消耗的电能和材质较少；投炉料仅仅使用较低纯度的硅。但也存在不可忽视的缺点，那就是相比较于单晶硅电池来说，多晶硅电池的转换效率略低。

多晶硅有两种铸锭工艺，分别为浇铸法和定向凝固法。现今，浇铸法生产被施用于大部分多晶硅基片，但是，高效电池片的制作必须要解决铸造基片的高品质化的问题。多晶硅光伏电池的商业化效率为18%～21%。多晶硅相比单晶硅，其生产组件填充率较高、成本不高，因而市面上多晶硅光伏电池更受欢迎。

当我们在制作多晶硅光伏电池的时候，高纯硅作为原料不是拉成单晶，而是经过熔化之后，被浇铸成正方形的硅锭，之后经过切片处理制备成光伏电池，电池制备和切片的工艺与单晶硅的大致相同，但是在制绒工艺上略有不同，使用碱刻蚀来刻蚀单晶硅，而酸刻蚀来刻蚀多晶硅。许多尺寸不一致的晶区分布在多晶硅片内，就光电转换机制来说，这些晶区（晶粒）与单晶硅相比是完全相同的，但是因为有大量的位错分布在晶粒之间（晶界处），所以其光电性能较差，多晶硅光伏电池仅具有相对较低的光电转换效率，同时，相比单晶硅电池，其光学和力学性能一致性较差，如图2.19所示为多晶硅光伏电池。但是，多晶硅光伏电池与单晶硅光伏电池的性能都很稳定，都可被用于建设光伏电站，作为如屋顶光伏系统或光伏幕墙等的光伏建筑材料。当阳光照射时，多晶结构由于不同晶面散射强度不同，呈现的色彩也有所不同。另外，多晶硅电池装饰效果也十分优良，通过改变氮化硅减反射膜的厚度，光伏电池也可呈现更加多样的颜色，如绿色、金色等。

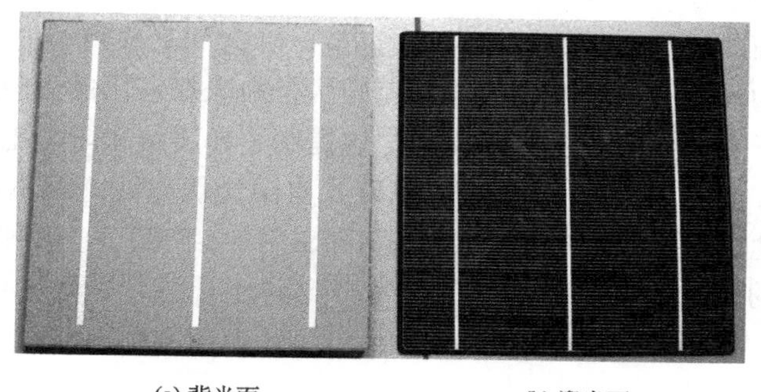

(a) 背光面　　(b) 迎光面

图 2.19　多晶硅光伏电池

2.5.2 非晶硅太阳能电池

非晶硅是新型的非晶态半导体材料，近期的发展十分迅猛。与晶硅相比，其组成原子长程无序，仅在几个晶格常数范围内短程有序，这是非晶硅材料最明显的特征。其原子与原子之间形成共价无规则网络结构，键合方式与晶硅类似。非晶硅的另一个重要特点是，可以实现在非晶硅半导体内的连续物性控制。当非晶硅中掺杂元素和掺杂量被连续改变时，即可导致禁带宽度和电导率等性质的连续改变，故人们在选择光伏所需的新型材料时有了更大的选择空间。在太阳能光谱可见光波长范围内，非晶硅的吸收系数比晶硅将高近一个数量级。并且，非晶硅光伏电池的光谱响应的峰值接近于太阳能光谱的峰值，这就是制备光伏电池领域中非晶硅材料被寄予厚望的原因。同时，非晶硅材料的吸收系数远高于晶硅材料，非晶硅光伏电池厚度远小于常规单晶硅电池厚度，大大降低了硅料的使用成本，这极大地促进了专家学者对于非晶硅光伏电池的开发与研究。

非晶硅光伏电池有三种基本结构，分别为肖特基势垒型、异质结型（hetero-junction）和 pin 型。

1. 肖特基势垒型

最简单的肖特基势垒型非晶硅太阳能电池制作方式为在不锈钢或铝片上淀积一层约 1μm 厚的未掺杂的非晶硅，然后将一层厚度 5nm 左右的高逸出功金属蒸镀于其上。此种结构因为非晶硅和衬底之间的接触不好，其填充因子一般较低。

2. 异质结型

非晶硅基的异质结电池主要有两种结构，一种是：玻璃/ITO/a-Si:H（i）/Al，由 ITO 和 a-Si:H (i) 两者构成异质结，由于 ITO 通常是简并的 n 型材料，而 a-Si:H (i) 是弱 n 型，所以它们之间可构成 n^+-n 型异质结。同时，通常在蒸镀 Al 层前预先

制备一层重掺杂的 n^+-a-Si:H（i），可使非晶硅和 Al 之间形成良好的欧姆接触。ITO 是异质结电池的光照面，而 ITO 禁带宽度较大，故光在前区的吸收量较少时，就会有较多的光子进入电活性层（耗尽层），这提高了异质结太阳能电池在短波区的光子收集效率。另一种结构是非晶硅/晶硅异质结光伏电池，也就是常说的 HIT 电池，这种电池结构为玻璃/ITO/p-a-Si:H/ i-a-Si:H/n-c-Si/ITO，这种结构的异质结电池具有更高的光电转换效率，甚至可达 25%以上，其开路电压可高达 700mV 以上。

3. pin 型

如图 2.20 所示，与晶硅太阳能电池不同的是，非晶硅太阳能电池一般采用 pin 结构而不是 pn 结构。这主要有以下两方面的原因：其一是非晶硅能隙内的局域态密度较高，故形成简单的 pn 结时，就会导致隧穿在局域态之间的漏电流较大，整流接触并不是很理想，而若制备成 pin 结构则可得到优良的整流特性；另一方面是 a-Si:H 扩散长度短，少子寿命较低，故 p 区和 n 区产生的光生载流子很难扩散到结区，往往在这之前就已分离，此情况也与单晶硅 pn 结不同。而若在 p 区和 n 区之间加入本征层构成 pin 结构，则耗尽层电场就会对 i 区产生的光生载流子产生作用，电子与空穴分别被扫向 n 区与 p 区。载流子的漂移是在内建电场的作用下所产生的，其在非晶硅光伏电池的工作中作用很大，也可以弥补其少数载流子寿命低、扩散长度短这一短板。不同衬底的非晶硅电池的电流导出方式也不尽相同，在玻璃衬底的非晶硅光伏电池中，光从玻璃面入射，而从透明导电膜（TCO）和铝电极可以引出光生电流。而不锈钢衬底的光伏电池的电极类似于晶硅电池，在透明导电膜上制备梳状的银（Ag）电极，光生电流通过不锈钢和梳状电极引出。在非晶硅太阳能电池中，光要通过 p 层进入 i 层，才能产生更多对光生电流，故 p 层应尽量少吸收光，称为窗口层。

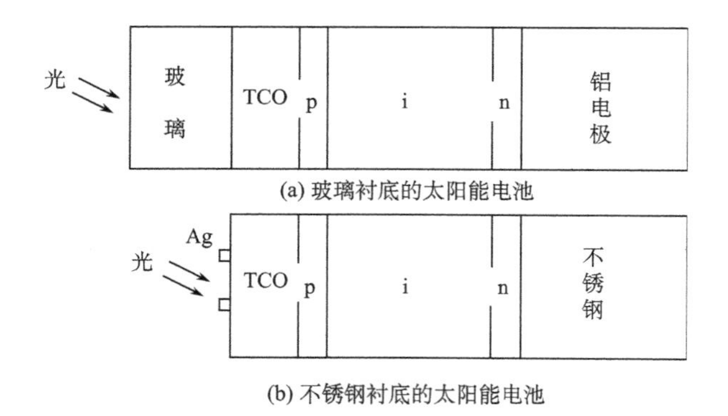

(a) 玻璃衬底的太阳能电池

(b) 不锈钢衬底的太阳能电池

图 2.20　单层非晶硅太阳能电池结构

在非晶硅太阳能电池中，各层厚度的设计需要保证入射光尽量多地进入 i 层且被吸收，并最大程度地转换成电能。例如，玻璃衬底 pin 型电池的入射光分别要通过玻璃、TCO 膜、p 层后才会进入 i 吸收层。因此，对于 TCO 膜和 p 层，在保证电特性的条件下要尽可能薄，以减少光损失，而 i 层厚度既要保证最大限度地吸收入射光，又要保证光生载流子可最大限度地输运到外电路。一般 TCO 膜厚约 80nm，p 层厚约 10nm。通过计算机进行仿真模拟，我们可以得到如下结果：非晶硅光伏电池中对光生载流子进行收集时，最小电场强度应大于 10^5 V/m。综上所述，当 i 层厚度为 500nm 时，n 层厚度在 30nm 左右时可收获最佳的电池性质。

对光伏电池来说，尽管非晶硅材料有较多的优点，但由于其光学带隙为 1.7eV，所以说非晶硅材料本身对太阳辐射光谱的长波区域并不是十分敏感，这极大地限制了其光电转换效率。除此以外，随着光照时间的增加，其光电转换效率存在着一定的衰减，即光致衰退 S-W 效应，此效应导致电池性能不够稳定。而制备叠层光伏电池就是解决这些问题的有效途径，所谓叠层光伏电池就是在 pin 层单结太阳能电池上再沉积一个或多个 pin 电池。

叠层光伏电池能够提高转换效率以及解决单结电池不稳定性问题的关键在于：①通过组合不同禁带宽度的材料，以使光谱的响应范围得到提高：②由于顶电池的 i 层较薄，吸收光子产生的电场强度变化很小，可以确保 i 层中的光生载流子有所输出；③底电池吸收光子产生的光生载流子大概是单电池所能产生的 1/2，所以光致衰退效应也有相应的减小；④而任何半导体材料都只能吸收能量大于其能隙值的光子，即只能在有限波段将太阳能转换为电能。而又由于太阳光谱中的能量分布较宽，由 0.3～1.5μm 的波长范围组成，所以单结太阳能电池很难做到可以完全有效地利用太阳能。而叠层光伏电池将多个电池进行串联，分波段利用太阳能光谱，不同的电池吸收不同波段的光子，可以有效地提高光电转换效率。现在，常见的叠层电池结构为 a-Si/a-SiGe、a-Si/a-Si/a-SiGe、a-Si/a-SiGe/a-SiGe 和 a-SiC/a-Si/a-SiGe 等。

我们可以将太阳光谱分成连续的一些部分，对应不同波段的光谱来选择与之适配的能带宽度的半导体材料，并按能隙从大到小的顺序从外向里进行叠合，让波长最短的光被表面的宽带隙材料电池利用，较长波长的光则透射进去，使内部的窄能隙材料电池也可吸收并转换为电流，通过这种方式，最大限度地将光能变成电能。

太阳光谱中的能量分布较宽，现有的任意一种类型的半导体材料都只能吸收其中能量比其能隙值高的光子。太阳光中能量较小的光子首先将透过电池，然后被背电极金属吸收，再转变成热能：而高能光子超出能隙宽度的那一部分能量是多余的，则通过光生载流子的能量热释电作用传给电池材料本身的点阵原子，材料本身就会产出热量。但是，这些能量均不能通过光生载流子传给负载变成有效的电能，因此即使是晶体材料制成单结的光伏电池，一般其理论转换效率的极限也仅为约 25%。

2.5.3 铜铟镓硒太阳能电池

在化合物薄膜太阳能电池中，I-III-V 族的化合物 Cu（In，Ga）Se_2（CIGS）具有黄铜矿结构（chalcopyrite structure），是有极大发展前景的高效薄膜太阳能电池。目前 CIGS 实验室光电转换效率最高为 20.4%，产业化大面积太阳能电池组件效率也已达 18.7%，接近于太阳能电池市场主流产品——晶硅太阳能电池组件的转换效率。

如图 2.21（a）所示，CIGS 薄膜太阳能电池主要由钠钙玻璃衬底、钼（Mo）金属电极、p 型 CIGS 光吸收层、n 型 CdS（或 ZnS）缓冲层、本征 ZnO 和 n 型掺 Al 的低阻 ZnO 透明导电膜窗口层组成；减反射膜（如 MgF_2）用来增加太阳光的利用率，太阳能电池的转换效率得到了提高；在顶部电流的收集依靠金属栅线（如 Ag 或者 Ni/Al 电极），这些金属栅线制备在窗口层的顶层。高效率 CIGS 薄膜太阳能电池剖面 SEM 图如图 2.21（b）所示，其中光吸收层对于 CIGS 光电转换效率有着很大的影响。

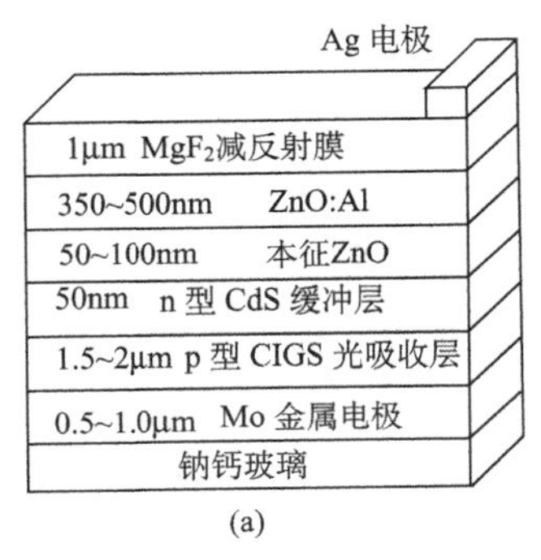

(a)

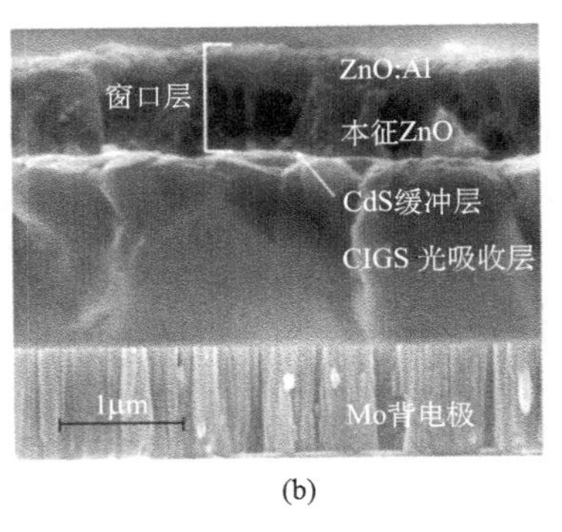

(b)

图 2.21　CIGS 薄膜太阳能电池结构示意图（a）和 CIGS 太阳能电池剖面 SEM 图（b）

在 CIGS 薄膜太阳能电池产业中，因各公司采用不同的技术线路，故 CIGS 结构和制备工艺与实验室中的结构也略有不同。目前 CIGS 系组件几种典型的工艺流程如图 2.22 所示。

衬底材料中大部分 CIGS 光伏企业选择玻璃，仅有少数公司（如 Global Solar 和 Solarion）使用柔性材料（不锈钢和聚酰亚胺等）作为衬底，这是由于卷对卷工艺（roll to roll process）可以通过柔性衬底来实现，可使成本进一步降低，对提高生产效率有着积极的作用。产业上实施串联集成是 CIGS 的太阳能电池组件的重要环节，因此在沉积 CIGS 层之前，需对 Mo 层使用激光刻划进行布线图形制

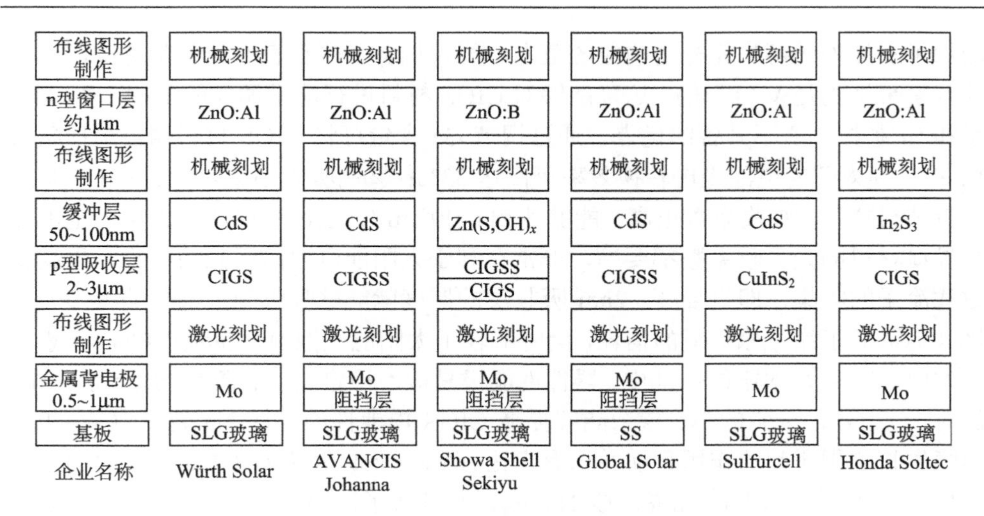

图 2.22 产业化 CIGS 薄膜光伏电池的工艺流程

作，以将每个电池的背电极分离，为子电池提供内部串联通路。在 CIGS 层制备时，多源共蒸发的方法被 Global Solar 和 Würth Solar 所采用；之后硫化、硒化方法被其他公司所采用，例如，Showa Shell Sekiyu 利用 H_2S 进行表面硫化（sulfurization process），从而制备得到 CIGS/CIGSS 吸收层结构；而 Sulfurcell 直接通过溅射 Cu、In 金属的方式来制备预制层，然后利用硫化处理技术来制备 $CuInS_2$ 宽带隙材料作为吸收层，其转换效率也很高。至于缓冲层，大多数 CIGS 公司采用相对成熟的化学水浴法制备 CdS 的技术，但由于 Cd 具有一定的毒性，对环境有着不好的影响，因此 Zn 和 In_2S_3 分别被 Honda Soltec 和 Showa Shell Sekiyu 公司采用作为缓冲层（buffer layer）取代了具有毒性的 CdS。完成缓冲层沉积之后，采用机械刻划缓冲层的方法来进行布线图形的制作，从而完成沉积 TCO 电池间的串联导电通道的准备（也有少数公司采用激光刻划，如位于日本的松下电器产业公司）。在窗口层中，成本相对较低的 ZnO:Al 作为 TCO 被 CIGS 电池企业都采用，但也有些公司为提高窗口层的透光率和导电率而使用掺硼的 ZnO 作为 TCO。最后对 TCO 层使用机械刻划来制作布线图形，从而使得每个子电池被分离开。

CIGS 薄膜具有高光吸收系数和宽带隙的特点，因此 CIGS 太阳能电池有一些特殊性：①禁带宽度是可调的。可依据公式 $E_{g(CIGS)}=(1-x)E_{g(CIS)}, +xE_{g(CIS)}, -bx(1-x)$ 对 CIGS 禁带宽度进行调控，其中 x 为 Ga 的含量，In 的含量为 $1-x$，b 为光学弯曲系数，它的值由制备方法和材料的结构决定，一般在 0.15～0.24。因此通过调整 Ga 的含量，能够获得适于制备 CIGS 太阳能电池的最佳能带结构 CIGS 薄膜材料。例如，提供良好的背表面电场效应能够增强开路电压和光生电流，这就可以通过调整在膜厚方向 Ga 的含量，获得价带倾斜的梯度带隙半导体，从而增加了从红外到可见光光谱响应的范围，同时加宽了薄膜表面处禁带宽度，形成的双禁带结构是 V 字形的。这种能够对 CIGS 材料进行能带调控的工程，是 CdTe 系和 Si 系材料所不具备的优点。通过调节 Ga 含量可将 CIGS 材料调至最佳禁带 1.3eV，其太阳能电池光电转换效率可高达 33%；②高吸收系数。由于 CIGS 是直接带隙材料，光吸收系数很高，能够达到 $6\times10^5cm^{-1}$，这比目前所有太阳能电池级半导体材料的光吸收系数都要高，非常有利于太阳能电池基区光的吸收，提高少数载流子的收集，即只要 1～2nm 吸收层的厚度就能够吸收绝大部分的太阳光，极大地降低了昂贵原材料的消耗，同时减轻了太阳能电池组件重量；③Na 元素掺杂效应。在 Si 系太阳能电池中，器件性能极易被不稳定的 Na 等碱金属元素恶化，但对于 CIGS，少量的 Na 掺杂能够提高 CIGS 电池性能，而 Na 元素对于 CIGS 薄膜生长过程所起的作用目前并未有定论。A.Rockett 等认为在 CIGS 薄膜的生长过程中，Na 会在 CIGS 晶界形成 Na_2Se_x，其延缓了薄膜的生长速度从而使 Se 的扩散更加有利，并且使得晶界缺陷钝化、晶粒尺寸增大。为此产业上 CIGS 的基板采用钠钙玻璃，除膨胀系数相近、成本低以外，还因为 Na 具备掺杂效应。对于 CIGS，通过引入适量的氧（O）能够有效提高 U_{oc}，并减少太阳能电池漏电，这是取得高效率 CIGS 电池所常用的工艺。这是因为 O 可以钝化 CIGS/CdS 界面处及晶界中的 V_{sc} 缺陷，从而减少了在晶界处载流子的复合概率，增加 U_{oc}。但如果 O 过量，薄膜表面和 CIGS/CdS 界面处的 V_{sc} 会大幅度降低，从而导致界面复合和降低 U_{oc} 的增加，使得太阳能电池的性能降低。

除此之外，CIGS 薄膜太阳能电池没有光致衰减现象（SWE），甚至 CIGS 的转换效率可通过光照来提高；具有良好的抗辐射、抗干扰能力，对于空间应用十分适用。弱光性能非常好，即使在阴雨天也有非常高的输出功率，均匀、柔和的黑色外观非常适合光伏建筑。

2.5.4　染料敏化太阳能电池

在 1991 年，位于瑞士的洛桑联邦理工学院的 Grätzel 教授将 TiO_2 纳米晶多孔膜用羧酸联吡啶钌（II）染料敏化后作为光电阳极，成功地研制出染料敏化纳米薄膜太阳能电池（dye-sensitized solar cell，DSSC）。在 AM1.5 模拟日光照射下，其光电转换效率可达 7.1%～7.9%，而成本仅为硅太阳能电池的 1/10～1/5，拥有 15 年以上的使用寿命。与传统的晶硅光伏电池相比，该类电池具有结构简单、易于制造、成本低廉的优点，同时对光强度相对于温度变化不敏感，不会污染环境，故自其问世以来就受到了人们的广泛关注，近年来通过不断优化电池性能，光电转换效率在 AM1.0 的光照条件下已经达到 11.18%。

1998 年，全固态染料敏化纳米晶太阳能电池被 Grätzel 等进一步研制出来，其使用固体有机空穴传输材料替换液体电解质，这样制备的电池单色光光电转换效率（IPCLE）可达33%，受到全世界的关注。2003年Grätzel等成功地把准固态电解质用在了纳米晶太阳能电池之中，电池转换效率达到了7%，电池的封装和运输问题被很好地解决了。因此，Grätzel被称为“染料敏化光伏电池之父”。

染料敏化太阳能电池主要结构包括宽带隙的多孔n型半导体（如TiO_2、ZnO等）、敏化层（有机染料敏化剂）和电解质或p型半导体。因使用了成本更低的有机染料分子和多孔n型TiO_2或ZnO半导体薄膜，不仅具备非常好的光吸收效果，大幅度降低了电池的制造成本，其开发应用前景也非常广阔。

1. DSSC电池的工作原理

对于常规的pn结太阳能电池（如硅太阳能电池），半导体作用在两个方面，第一是吸收入射光，通过捕获的光子来激发产生电子空穴对；第二是传导光生载流子，依靠pn结效应，分开电子和空穴。但对于DSSC来说，这两种作用是分别发生的。首先由光敏染料完成光的捕获，而光生载流子的传导和收集通过纳米半导体来完成。在该类太阳能电池中，作为宽禁带n型半导体的TiO_2，其禁带宽度是3.2eV，只有波长小于375nm的紫外线能够将它激发，可见光不能被吸收，因此为实现有效的光电转化，需在TiO_2表面吸附染料光敏剂，即进行一定的敏化处理。纳米TiO_2表面吸附的光敏染料因吸收太阳光而跃迁至激发态，紧邻的较低能级的TiO_2导带被激发态电子迅速注入，电荷实现了分离，发生了电子的迁移，这是光生电流产生的关键所在。

2. DSSC电池的结构

DSSC电池的结构从上至下分别是透明导电玻璃、纳米晶氧化物半导体膜（TiO_2）、敏化染料、电解液以及对电极（Pt电极和F/SnO_2），如图2.23所示，可以形象地称之为三明治式结构。

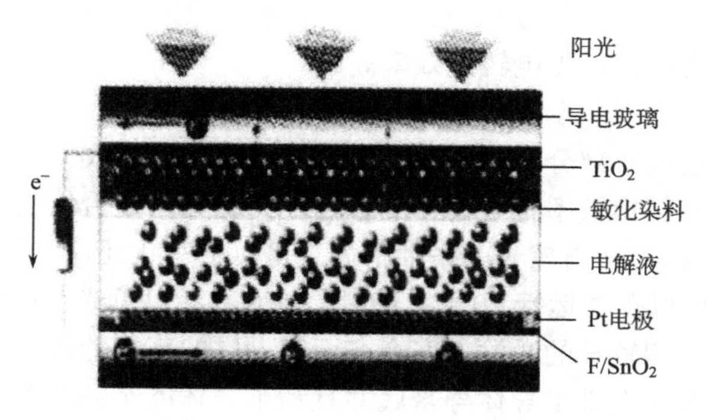

图2.23 DSSC电池结构示意图

1）导电玻璃

透明的导电玻璃（TCO）不仅是染料敏化光伏电池 TiO_2 薄膜的载体，也是对电极上电子的收集器和光阳极上电子的传导器。使用化学沉积、溅射等方法将厚度为 1～3mm 的普通玻璃表面镀上一层 0.5～0.7μm 厚的掺 F 的 SnO_2 膜或氧化铟锡（ITO 膜）可以得到导电玻璃。通常意义上，透光率不得小于 85%，方块电阻需在 1.0～2.0Ω·cm，它有着传输作用的同时，还可以收集正、负电极电子。可以用一些特殊的方法来提高电极光和电子收集效率，比如说扩散一层约 0.1μm 厚的 SiO_2 在玻璃和氧化铟锡膜中间，以防止在高温烧结过程中普通玻璃中的 Na^+、K^+ 等离子扩散到 SnO_2 膜中。

导电层基底除了可以选择导电玻璃之外，柔性材料也是常用的备选材料，如制备电极的时候可以选择塑料。此种电池的优点是易于运输、缩放容易等，这些优点使得染料敏化光伏电池的应用领域更加宽泛。2006 年，Grätzel 研究小组尝试使用对电极为 ITO/PEN（ITO/polyethylene naphthalate），并将导电玻璃染料用金属钛代替，成功制备出一种染料敏化光伏电池。敏化时选择染料为 N719 后，与导电玻璃工作电极的染料敏化光伏电池相比，因为电解液与对电极对光的吸收增加且界面电阻也有所增加，J_{sc} 和 FF 都得到降低，总的光电转换效率可以达到 7.2%。

2）纳米晶氧化物半导体膜

染料敏化光伏电池中最核心的组成部分为纳米晶多孔结构的半导体光阳极。将氧化物半导体的纳米晶进行镀膜，就可以均匀沉积到导电玻璃衬底上，这样彼此连接的纳米晶的网格就形成了，这种结构对于电子注入效率和光敏染料分子的匹配有着直接的影响。现在常见的是纳米晶 TiO_2 氧化物半导体，众多学者也在研究如 ZnO、SnO_2、Nb_2O_5、$SrTiO_3$ 等材料。纳米晶 TiO_2 多孔薄膜，与其他的半导体材料相比，内比表面积要大出许多（80～200m^2/g），其总表面积约为几何表面积的 1000 倍，它的粒度分布为 15～20nm，一般来说，TiO_2 薄膜的厚度在 5～20μm，对染料的吸附能力超强，光电转换效率高。

3）光敏染料

DSSC 电池的核心部分还有染料光敏化剂，它可以吸收太阳光产生电子，因此对于电池的光电转换效率有着直接的影响。光敏染料是否优良在于其化学稳定性和光稳定性是否高，在自然光的条件下如果可以被氧化还原的连续次数达到 10^8 次，那么电池就可以正常运行 20 年。同时，还应具备可见光范围内强的吸收，理想的氧化还原电热和较长的激发态寿命。而且，它的基态能级应该在半导体的禁带中，激发态能级应高于半导体导带底并且和半导体能级的匹配是良好的，在热力学中允许电子由激发态染料分子向半导体导带中注入。此外，摩尔消光系数应较大，以便更好地捕获可见光。

染料光敏化剂在种类上可以分为有机染料和无机染料两种。有机染料种类繁多，主要有合成染料和天然染料。而无机染料主要包括卟啉、酞菁和联吡啶金属配合物。

4）电解质

电解质在染料敏化光伏电池中的重要作用是可以将空穴传输给对电极，电子传输给氧化态的染料分子，这个过程必须要有氧化还原电对存在于电解质中，其中 I^-/I_3^-的应用最为广泛、研究最为透彻。

电解质可以分为 4 种类型，分别为液态电解质、离子液态电解质、固态电解质和准固态电解质。传统液态电解质多采用有机溶剂，它的缺点是较易挥发，离子液态电解质在近些年来有较大的发展，它不挥发、无臭、无色、饱和蒸气压非常小，同时具有化学稳定性较好，稳定温度范围较大及电化学稳定电势窗口较宽等优点。2008 年，5 种新型的 1-醋酸乙烯-3-烷基咪唑碘化物离子液态电解质被 Wang 等成功合成。即使离子液态电解质比有机溶剂电解质性能更优良，但仍有一些问题需解决，如封装困难、易泄漏等，因此在一定程度上限制了染料敏化纳米晶 TiO_2 光伏电池在实际生产、生活中的应用。固态和准固态电解质就可以解决这些问题，因此许多学者开始着手研究，并且进展显著。现在固态或准固态电解质主要的研究方向之一为高分子聚合物，包括导电高分子聚合物固态电解质和高分子聚合物凝胶电解质。

5）对电极

对电极也可被称为光阴极，它的组成部分有导电玻璃和附着在其上的铂薄膜。电池中的对电极作用有以下几个方面：

从外电路获得一部分电子后，转移给电解液中氧化还原电子对的 I_3^-；Pt 作为催化剂，具有催化还原 I_3^-的功能；铂层附着在导电玻璃上具有反光的效果，可以把红外线等没有被染料吸收的光反射回去，使染料再次吸收。将纳米粒子的光散射和反光镜的光反射结合起来能使入射光无规则地穿行在纳米网络中，红外线区的吸收率可以增加 $4n^2$（n 为相应长波区域内染料敏化纳米晶膜的折射率），对于红外线区的光电转换效率的改善十分显著。然而铂成本较高，制备工艺并不简单。最近几年，研究学者尝试寻找铂对电极的替代材料，多孔碳电极是较为理想的一种。2007 年，Ramasamy 等就使用了这种替代材料使得光电转换效率达到了 6.7%（AM1.5，100mW/cm^2），并且稳定性也较好。

3. DSSC 电池的应用

近 20 年以来技术不断更新，如今，染料敏化光伏电池可以大规模工业化生产，受到欧美市场的青睐，索尼等公司指定 DSSC 电池为电子阅读器电源。各大商场也陆续出现一些带有染料敏化太阳能电池薄膜的户外装备，如登山包、高尔夫球包、网球包等。索尼公司成为开发出一种使用DSSC电池的供电灯，而在屋顶集成光伏（BIPV）这一方面，Corus和Konarka公司都有所涉猎。DSSC在能力上的优势，也使得另外几家开发商尝试DSSC在非并网式照明上的应用。

2.5.5 有机太阳能电池

一般情形下，许多排列无序的大分子可以组成高分子聚合物，如在通电情况下增大电流，高分子聚合物内部会形成凌乱的网状物，并马上停止导电。Alan J. Heeger、Alan G. MacDiarmid和Hideki Shirakawa在1977年发现聚乙炔在掺杂五氟化砷或碘后就具备了半导体的特性，有传输电流的作用，传输速度可以达到10^3S/cm，从此人们改变了聚合物均为绝缘体的观念。1990年，位于英国的剑桥大学研究小组在研究中发现，共轭聚合物聚苯乙烯撑具有电致发光的性能，自此，人们开始渐渐关注导电聚合物的半导体性质并取得了一定的发展。1992年，N. S. Sariciftci等通过光诱导吸收、光诱导电子自旋共振等实验，证实了共轭导电聚合物MEH-PPV被光激发后，与C_{60}之间存在瞬态电荷转移，时长约45fs，即导电聚合物和富勒烯C_{60}之间存在着光致电荷瞬态转移的现象。1995年，G.Yu等在20mW/cm^2、430nm的单色光照射下，制备了聚合物体异质结太阳能电池，其使用的是MEH-PPV与C_{60}的衍生物PCBM的混合物作为有源层，在20mW/cm^2、波长为430nm的单色光照射下，能量转换效率为2.9%。2001年，Shaheen等将PCBM与MDMO-PPV进行混合之后成为有源层，有源层的形貌可以通过对溶剂的选择来控制。通过实验证明，与甲苯相比，有机溶剂选择为氯苯时，形成的有源层形貌分相就会变得更加细化。模拟太阳光照射时选择80mW/cm^2、AM1.5G，器件的能量转换效率就能达到2.5%。2009年，Hsiang YuChen等采用分子设计的方式进行实验，降低了聚合物的HOMO能级，从而使器件的能量转换效率和开路电压都得到了提高。美国国家可再生能源实验室校正了基于PCBM体系和PBDTTT系列衍生物的聚合物太阳能电池，0.76V的开路电压，13.364mA/cm^{2}的短路电流，填充因子达到了66.39%，能量转换效率最终达到了6.77%。2010年，Yongye Liang等设计了一种全新的名为PTB7的窄禁带聚合物，这种聚合物太阳能电池基于PC70BM和PTB7，模拟太阳光条件选择为AM1.5G、100mW/cm^{2}照射时，短路电流是14.5mA/cm^2，开路电压是0.74V，填充因子是68.97%，能量转换效率达到了7.4%。以上这些发现，预示着导电高分子聚合物在不久的将来有望替代硅晶体，并在半导体材料中占有一席之地。

1. 有机半导体太阳能电池的工作原理

电流的产生过程随着材料的不同也会有所差异。现阶段关于无机半导体的理论研究是一个相对成熟的体系，而在有机半导体体系中电流如何产生仍有许多未知的谜题值得我们研究，也有许多学者正致力其中。有机半导体吸收光子后有电子空穴对产生，也可称之为激子，激子的结合能在0.2eV和1.0eV之间，其结合能相比于相应的无机半导体激发产生的电子空穴对的结合能来说要高出许多，所以电子空穴对解离方式不是自发的，也就没有自由移动的空穴和电子形成，如果需要解离就需要电场驱动电子空穴对。将两种具有不同电离势和电子亲和能的材料接触在一起，它们相接触的界面就有接触电势差的产生，这也可以成为电子空穴对的解离驱动力。两层金属电极之间夹有纯有机化合物，可以制成肖特基电池，但是效率并不高，之后人们发现如果将n型半导体材料（电子受体，acceptor）和p型半导体材料（电子给体，donor）进行复合，可以促进两种材料的界面处电子空穴对的解离，也可有效抑制光激发单元的发光复合退火过程，电荷分离变得高效，即为pn异质结型太阳能电池。

2. 有机半导体太阳能电池材料

1）有机小分子化合物

肖特基电池是最早期的有机太阳能电池，它的结构为夹心式，只有把有机半导体染料（如酞菁等）蒸镀在基板上，在真空条件下才可以形成。在研究光电转换机理时这类电池对研究学者来说大有裨益，但是蒸镀薄膜是一道极为复杂的加工工艺，薄膜脱落现象时有发生。因此人们又发展了将有机染料半导体分散在聚乙烯咔唑（PVK）、聚醋酸乙烯酯（PVAC）、聚碳酸酯（PC）等聚合物中的技术。虽然这些技术能将涂层的柔韧性提高，但只含有相对较低的半导体，光生载流子也有一定程度的减少，短路电流下降。

p型有机半导体中典型的酞菁类化合物，具有离域的平面大π键，光谱区域在600～800nm有较大吸收。同样的，n型半导体材料中典型的苝类化合物，对于电荷的传输能力较高，光谱区域在400～600nm内有较强吸收。

2）有机大分子化合物

1998年，关于聚合物光诱导电荷转移光电池的研究中，Friend的研究小组取得了较大的进步，他们用聚亚苯基乙烯基MEH-CN-PPV取代C_{60}并利用层压技术制备出光电池器件。为了获得稳定的高迁移率，必须对POPT经过溶剂处理或热处理，这可以使单层共混POPT:MEH-CN-PPV相分离明显减少，可使效率与纯MEH-CN-PPV的器件相当。利用层压技术制备得到的ITO/POPT:MEH-CN-PPV（19:1）/Al具有双层器件结构，在模拟太阳光条件下，其能量转换效率为1.9%。Padinger等将玻璃化转变温度（T_g）较高、热稳定性较好的聚3-己基噻吩（P3HT）：PCBM共混体系在高于其T_g的温度下进行退火处理，使聚合物链沿电场发生定向排列，结构有序度得到了极大程度的提高，也能提高载流子的传输能力，从而可将器件的效率η由0.4%提高至3.5%。聚噻吩衍生物不仅具有高的共轭程度、较好的热稳定性和环境稳定性，且电导率较高，同时合成方式简单，越来越被人们关注。2003 年，Takahashi 等将光敏剂卟啉 H_2PC 与聚噻吩衍生物 PTh 共混后，再与苝衍生物 PV 制成双层膜器件，在波长为 430nm 的模拟太阳光照射条件下，最高可达到 2.91%的能量转换效率。

3）模拟叶绿素材料

植物体内的叶绿素具有将太阳能转化为化学能的功能，其原理是植物体内的叶绿素分子受到光激发后电荷产生分离，且电荷分离态寿命长达 1s。电荷分离态存在时间越长，对于电荷的输出越有利。位于美国的阿尔贡国家实验室的科研人员合成了具有 C-P-Q 结构的化合物。通过吸收太阳光，卟啉环上的电子就可以转移到受体苯醌环上，胡萝卜素对于太阳光也有所吸收，然后电子被注入卟啉环，最后胡萝卜素分子周围就有正电荷的集中，在苯醌环周围则是负电荷的集中，电荷分离态寿命可达 4ms。就太阳光的吸收来说卟啉环要远远大于胡萝卜素。若将该分子制成极化膜并将其附着在导电高分子膜上，就可实现将太阳能转化为电能。

4）有机无机杂化体系

2002 年，Aiivisatos 发现棒状无机纳米粒子 CdSe 在红外线区有较好的吸收且载流子迁移率较高，将其与聚 3-己基噻吩 P3HT 直接在吡啶氯仿溶液中旋转涂膜制成光伏器件。模拟太阳光的条件选择为 AM1.5G，器件的能量转换效率为 1.7%。在共轭聚合物中的 P3HT 的场效应迁移率相比于其他聚合物是最高的，达到 $0.1cm^2/(V \cdot s)$，因为这些体系，人们对于此类材料结构的设计思路被极大地拓宽了，从而改善了有机太阳能电池材料各个方面的性能。根据量子阱效应可知，调节其吸收光谱可以通过改变纳米粒子的大小实现。

3. 有机半导体太阳能电池的优点

（1）化学可变性较大，原料来源相对广泛；

（2）可通过多种途径扩大光谱吸收范围，改变和提高材料光谱吸收能力，并使载流子的传送能力提高；

（3）生产加工容易，大面积成膜可以通过流延法、旋转法等实现，还可进行拉伸取向使极性分子排列规整，膜的生长厚度可以通过 L.B 膜技术在分子生长方向上进行控制；

（4）进行物理改性较为简单，如采用高能离子注入掺杂或辐照等方式处理可提高载流子的传导能力，提高短路电流，减小电阻损耗；

（5）电池制作在结构上具有多样化的特点；

（6）成本低廉，有机高分子半导体材料具有相对比较简单的合成工艺，如酞菁类染料早已实现了工业化批量生产，因此成本较低，这极大地提高了有机太阳能电池实用化的竞争力。

相比于普通硅太阳能电池和传统的化合物半导体电池，有机半导体太阳能电池具有轻便灵活、成本较低等优势。但是它的转换效率较低，且使用寿命不高，这些都阻碍了有机光伏电池市场化发展。

4. 应用及前景

相比于传统硅电池，有机太阳能电池外形具有更加轻薄的特点，当体积相同时，其受光面积在展开后会有大幅度的增加，所以，通信卫星中有机光伏电池有一定的应用，其光电利用率得到了提高。相信在不久的将来，因为它柔软、轻薄、易携带等特性，有机光伏电池可以给许多微型小型电子设备（诸如数码相机、微型电脑、无线键盘等）提供稳定可靠的能源。在有机光伏电池表面上能够设计各种图案。精美的设计和斑斓的色彩能够让它们与现代建筑设计融为一体。一些办公楼可以使用成本低廉的有机光伏电池作为外墙起装饰作用。有机光伏电池可以将太阳能转化为电能供楼内使用（如取暖、照明、工作用电），使得资源得到充分利用。柔软轻薄的有机光伏电池与有机发光材料也可以被嵌入衣服表层，通过将太阳能转化为电能并进行储存，冬天可以起到很好的保暖作用，衣服在夜间也会发出不同波长的可见光，使其看上去更加绚丽。

2.5.6　钙钛矿太阳能电池

钙钛矿太阳能电池（perovskite solar cell），可以定义为吸光材料使用有机金属卤化物半导体（钙钛矿型）的光伏电池，它与染料敏化光伏电池的不同之处在于替换了染料，如图2.24所示为其晶格结构。ABX_3型的钙钛矿结构里，通常

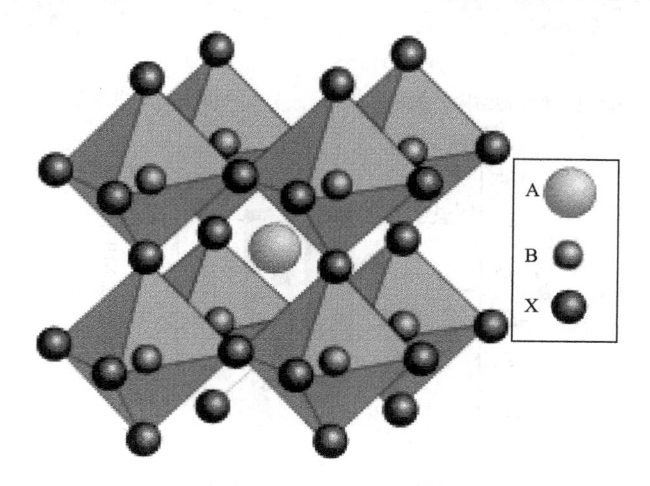

图2.24　钙钛矿型晶格结构

使用 A 来指代甲胺基 $CH_3CH_2NIH_3^+$，CH_3NH_3 和 $NH_2CH=NH_2^+$；通常使用 B 来指代金属 Pb 原子，有些时候也用来指代金属 Sn；X 多用来指代 Cl、Br、I 等卤素单原子或混合原子。高效钙钛矿型光伏电池中，最常使用碘化铅甲胺（$CH_3NH_3PbI_3$）作为钙钛矿材料，其带隙大约为 1.5eV。

1. 钙钛矿太阳能电池的结构

如图 2.25 所示，钙钛矿光伏电池在结构上由下往上分别为玻璃、FTO、电子传输层（ETM）、钙钛矿光敏层、空穴传输层（HTM）和金属电极。其中，通常采用致密的 TiO_2 纳米颗粒作为电子传输层，能有效阻止 FTO 与钙钛矿层的载流子复合。改善该层的导电能力可以提高此种太阳能电池的性能，可以采取的方式为元素掺杂、调控 TiO_2 的形貌或使用其他如 ZnO 等的 n 型半导体材料。现有报道中最高效的电池使用钇掺杂的钙钛矿光敏层，其效率约为 19.3%。有些学者采用的是一层有机金属卤化物半导体薄膜。在某些情况下，也可以采用有机金属卤化物填充的介孔结构（TiO_2、ZrO_2 和 Al_2O_3 骨架），或者使用两者混合的方式，但没有直接的证据可以证明此种结构会提高电池性能。在染料敏化光伏电池这种类

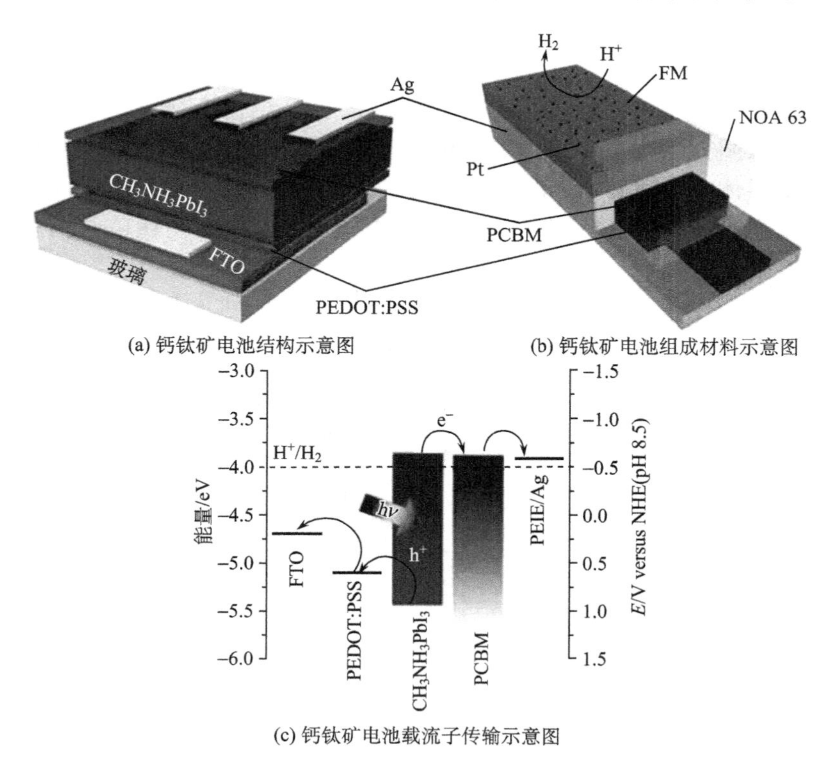

(a) 钙钛矿电池结构示意图　(b) 钙钛矿电池组成材料示意图

(c) 钙钛矿电池载流子传输示意图

图 2.25　钙钛矿光伏电池的结构

型中，空穴传输层多采用液态 I_3^-/I^-电解质。最初的一段时期，钙钛矿电池的主要问题是液态电解质中的 $CH_3NH_3PbI_3$ 性质不稳定，从而导致电池稳定性较差。之后，Grätzel 等学者采用了固态空穴传输材料，如 spiro-OMeTAD，PEDOT:PSS 等，在很大程度上提高了电池效率，同时对于其稳定性也有较大的改善。

特别地，钙钛矿能够同时被用作吸光和电子传输材料或者吸光和空穴传输材料。这样一来，制备出来的钙钛矿光伏电池就能够不含 ETM 或 HTM。

2. 钙钛矿太阳能电池中的物理过程

太阳光照射钙钛矿电池时，光子首先被钙钛矿层吸收，因此电子空穴对得以产生。因为钙钛矿材料对于激子束缚能存在差异，这些载流子就会形成激子或自由载流子。进一步，对于钙钛矿材料来说其载流子复合概率较低和载流子迁移率较高，因此载流子的寿命较长，扩散距离也较长。最终效果就是，钙钛矿光伏电池性能更加优异。

之后，电子传输层收集未复合的电子，空穴传输层收集未复合的空穴，即空穴通过钙钛矿层之后传输到空穴传输层，最终由金属电极收集，电子从钙钛矿层传输到 TiO_2 等电子传输层，最后被 FTO 收集，如图 2.25 所示。显然，载流子在这些过程中难免会有所损失，如钙钛矿层的空穴与电子传输层的电子进行可逆的复合、空穴传输层的空穴与电子传输层的电子进行复合（当钙钛矿层不致密时）、空穴传输层的空穴与钙钛矿层的电子进行复合。为使得电池的整体性能得到提高，应该将此类载流子损失最小化。最后，将电路连接金属电极和 FTO，由此光电流产生。

2.6 太阳能电池的应用

2.6.1 太阳能光伏发电系统组成及分类

1. 太阳能光伏发电系统的组成

太阳能发电是通过利用太阳能电池板将太阳光辐射的能量直接转化为电能的一种发电方式，一个完整的发电系统主要组成部分有光伏电池板、控制器、变换环节和电能存储构成的发电与电能变换系统等。太阳能电池板产生的电能经过电线、控制器、储能等几个环节进行储存和转换，最终转换为电能供给负载使用。为使得接收太阳光更大化，通常采用向日自动跟踪器和聚光器等装置。如图 2.26 所示为一种常见的太阳能发电系统。

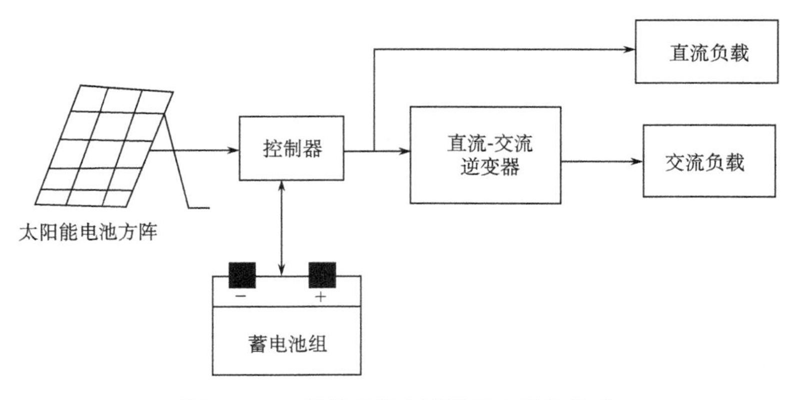

图 2.26　一种常见的太阳能发电系统构成

1）太阳能电池板

太阳能发电系统中，光伏电池板是其核心部分，它是太阳能发电系统中最具价值的部分，将太阳所辐射能量转换为电能是其主要作用。转换出的电能将被送往蓄电池中存储起来，或者直接供给负载使其工作。

光伏电池板一般是通过串联或并联的方式将几个或几十个电池元件组合起来的阵列，之后将其用透明的外壳密封起来。光伏电池板的常见的结构形式有三种，现进行简单介绍：

（1）金属底座型光伏电池板。采用玻璃强化塑料集成板或制作电池板的底座，也可以使用经防锈处理的金属来进行制作，之后使用耐水性较好的透明树脂填充其中，这种光伏电池板生产较为简单，成本不好，适合大型板的制作。

（2）玻璃壳型光伏电池板。使用强化玻璃作为电池板的外壳，四周固定时采用的是经过防锈处理的金属框，之后也使用耐水型较好的透明树脂填充内部。其使用寿命较长，但存在的一个缺点是，外壳玻璃容易发生破碎。

（3）塑料壳型光伏电池板。使用透明塑料来制备电池板的外壳，使用耐水透明树脂填满光伏电池与外壳之间的区域。它的特点是容易生产加工，但受温度和紫外线的影响较大。

2）控制器

太阳能电池控制器一般由电子线路和继电器两部分组成。太阳能电池控制器对整个系统的工作状态进行控制，并且可以对蓄电池的过充电、过放电起到一种保护作用。通常应配备直流电压表和直流电流表来测定负载的电流电压、系统的短路电流和开路电压，以监视整个光伏电池板是否正常工作。此外，系统还装有可自动控制充放电的中间控制器，在充电过程中，当充电电压接近于蓄电池的上限电压时，它可以立即切断充电线路，使得蓄电池继续充电停止；当蓄电池的电压在下限电压以下时，可以使输出电路自动切断。因此，在充放电过程中调节控制器不仅能使蓄电池电压保持在合理的工作范围，又能防止蓄电池因过充或过放而发生损坏。

3）蓄电池

太阳能发电系统中的重要组成部分是储能，对于独立电力系统尤为如此，储能环节更加不可或缺。蓄电池这种装置可以反复充放电，通常使用的是铅酸电池。在小型系统中，镍氢电池、镍镉电池或锂电池也备受欢迎。它可以在有光照时将光伏电池板所转换出的电能先进行储存，有需要的时候再进行电能的释放。

4）变换器

变换器是太阳能发电系统的关键组成部分。变换器可以分为交流变换器和直流变换器两种，直流变换器与开关电源类似，是将直流电压和电流变换为电压等级的直流电压和电流的装置；而交流逆变器的作用则是将直流电力逆变成交流电力。如果输出功率较小，可采用一只由三极管构成的单管逆变器。而当需要的输出功率较大的时候，则可采用推挽式逆变器。现在，为更大程度地提高逆变器的功率，多使用自激多谐振荡器，将功率进行放大，再经变压器升高电压后进行输出。

2. 光伏发电系统的分类

光伏发电系统可分为两种基本形式：独立型发电系统和并网型发电系统。一般地，独立型发电系统将光伏电池方阵所产生的电能储存在蓄电池组中，接入逆变器之后使用户的用电需要得到满足，独立型发电系统也可以称之为离网发电系统。并网型发电系统通过逆变器将白天发出的电接入公共电网，并取得一定的收益。当并网系统发电量不足时，再从公共电网进行购电以满足负载使用，所以现实生活里，当人们安装并网系统时，卖电和买电电表是必备的。

1）独立太阳能电池系统

独立型系统指的是不与电力公司公共电网进行并网的系统。太阳光强度、电池电压浮动和电池本身的温度这三者都会影响光伏电池的光电转换效率。而在一天内这三个因素均不是固定不变的，太阳光照在地面，辐射光的光谱和光强受到地理位置、所处地区的气候和气象、大气层厚度（即大气质量）、地形地物等的影响，其能量在一年、一月和一日内发生的变化都很大，甚至每年的总辐射量之间的差别也很大。太阳光照射及辐射能变化周期，在地球上各个地区均为一天(24h)，光伏电池的发电量在某一地区在24h之间的变化也是周期性的，与该地区太阳照射的辐射变化规律相同。另外，光伏电池组件的发电量也受天气变化的影响，如果阴雨天持续多日出现，光伏电池组件发电将十分困难，所以对于光伏电池的发电量来说，是一种变量。

蓄电池组的工作状态是在浮充电模式下，其电压的变化与方阵发电量和负载用电量的变化相关。环境温度也能影响蓄电池提供的能量。电子元器件可以被制造为光伏电池充放电控制器，其本身存在能量的消耗，而耗能的大小也与使用的元器件的质量和性能等息息相关，从而对充电效率有着显著的影响。其用途也决定了负载的用电情况，有一些设备（如无人气象站、通信中继站等）的耗电量是固定的，而有些设备用电量经常发生变化，如航标灯、灯塔、生活用电及民用照明等设备。

光伏发电是独立光伏系统唯一的电力来源，在该情况下，从全天使用的时间上来区分，基本上可将负载分为白天、晚上和白天连晚上三种情形。对于只在白天使用的负载，多数可以直接由光伏系统供电，这样一来可以使得蓄电池充放电等所造成的损耗显著减少，光伏系统容量的配备也可适度降低。如果使用的负载是在晚上，光伏系统应当配备的容量就要适当增加。而对于白天连晚上使用的负载所配备的容量应当在前两者之间。另外，划分的方式从全年使用的时间上来说，可以大致地分为季节性负载、均衡性负载和随机性负载。影响光伏系统运行的因素很多，这些因素在现实生活中具有非常复杂的关系，需要依照运行情况和现场条件来进行处理。

太阳辐射具有一定的随机性，在光伏系统安装后无法确定方阵面上各个时段确切的太阳辐照量，所以只能参考气象台所记录的历史资料。但是，一般情况下由气象台站提供的太阳辐照量是水平面上的，我们需要将其辐照量换算成倾斜方阵面上的。一般情况下光伏系统只要将倾斜面上的月平均太阳辐照量计算出来即可，而瞬时太阳辐射通量则一般不予考虑。设计者在设计光伏电池应用系统时，需要考虑光伏电池安装地点的环境条件（即地理位置、现场的太阳辐射能、气候、气象地形和地物等），不仅要降低成本，还要确保系统可靠性很高。

通常意义上的太阳能独立光伏发电系统结构的示意图如图 2.27 所示，此系统的组成部分有光伏电池阵列、DC/DC 变换器、DC/AC 逆变器、蓄电池组和交、直流负载。当负载需要直流电时，就不可以使用 DC/AC 逆变器。当日照不足时，DC/DC 变换器将光伏电池阵列转换的电能传送给蓄电池组以备之后的需要。蓄电池组的能量给交流负载供电需通过 DC/AC 逆变器，但给直流负载供电时则不需要。

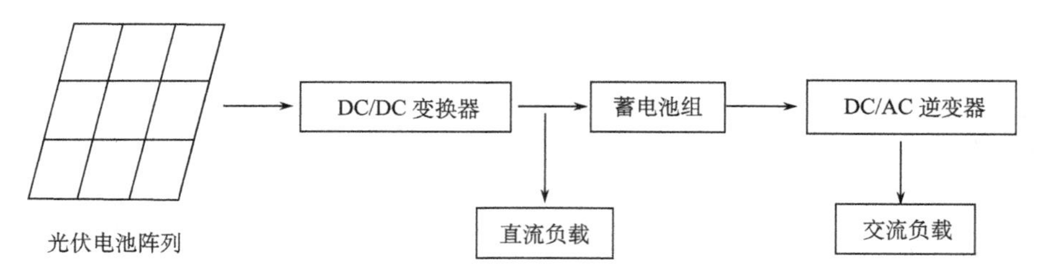

图 2.27　太阳能独立光伏发电系统

详细来说，独立太阳能发电系统主要由光伏电池组件及支架、免维护铅酸蓄电池、逆变器（使用交流负载时使用）、充放电控制器、各种专用交直流灯具、配电柜及线缆等组成。控制箱箱体在美观的同时，应保证材质良好耐用；控制箱内放置的是充放电控制器和免维护铅酸蓄电池。由于不需要过多的维护，阀控密封式铅酸蓄电池又可称为免维护电池，它的使用有利于系统维护费用的减少；充放电控制器设计的功能应具备时控、光控、过充保护、反接保护和过放保护等。以独立光伏草坪灯系统为例，它的工作原理可以简单描述为：白天太阳辐射能通过光伏电池板后转换为电能，再经过充放电控制器储存在蓄电池中，在夜晚外界照度逐渐降低到一定数值、光伏电池板开路电压降低到对应数值，这一电压值被充放电控制器侦测到后动作，蓄电池对灯具供电。蓄电池放电到设定时间后，充放电控制器动作，蓄电池放电结束。保护蓄电池是充放电控制器的主要作用。路灯发光时间和充放电的情况可以根据用户需要通过控制器设定。根据用户用电需要分为直流和交流两种。蓄电池放电为直流电，需要加上把直流电转变为交流电的逆变器，方可得到交流用电。

2）并网型太阳能光伏电池系统

并网型发电系统在种类上可以分为逆潮流系统和非逆潮流系统，逆潮流系统即电力公司购买剩余电力的制度，而非逆潮流系统就是光伏电池提供的电力比系统内电力需求小，电力公司不需要购买剩余电力的制度。连接到公共电网的太阳能光伏发电系统称作并网光伏发电系统，如图 2.28 所示为其结构示意图。

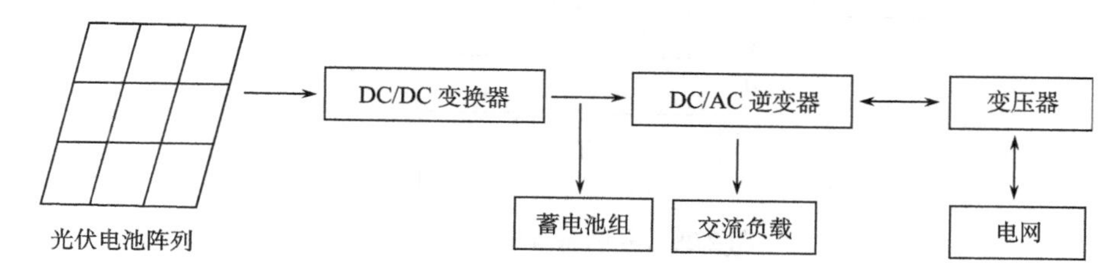

图 2.28　并网光伏发电系统

光伏电池阵列受到光照激发输出为直流电，并网光伏发电系统与电网连接向电网输送电能并将其转化为交流电，此种交流电与电网电压同幅、同频、同相。该系统包括光伏电池阵列、DC/AC 逆变器、DC/DC 变换器、交流负载、变压器及在 DC/DC 变换器输出端并联的蓄电池组。蓄电池组虽然不是必要的部件，但是能使系统供电更加可靠。当日照强度较大时，光伏发电系统发出的电流首先提供给交流负载用电，此时若有多余的电能，则接入电网；当日照强度较弱，光伏电池阵列发出的电量小于负载需要的电量时，电网或蓄电池组可以为负载提供电能。现今，蓄电池成本较高，是否安装，需要考虑家用经济条件。独立系统相比于并网型交流发电系统之间最大的区别就是有无储能设备。

如图 2.29 所示为并网系统电路设计图，由逆变装置、太阳能电池组件和交流或直流防雷配电柜等组成。在光伏效应下，光伏组件把太阳能转换成直流电能，直流电汇流后经防雷配电柜接入并网逆变器，逆变器将直流电逆变成符合电网电能质量要求的交流电，接入 380V/150Hz 三相交流站用电系统并网发电。当白天发电量足够的时候，光伏发电除了可以给站用电负荷供电，多余电量还能接入电网；当晚上或阴雨天发电量不足时，站用电负荷由市电供电。配置一套以太网通信接口的本地监控装置在光伏并网发电系统上，无人值班站的综合自动化系统就能通过接口自动获取运行数据和系统的工作状态，从而实现远程集控站监测。

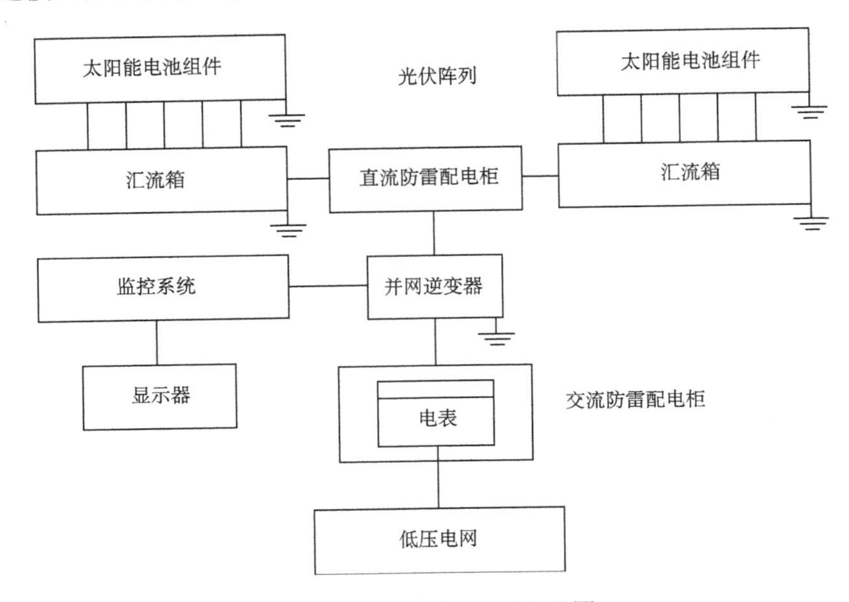

图 2.29　并网系统电路设计图

系统采用的是大功率单晶硅光伏电池组件，共配置 168 块，每块组件功率为 180Wp，工作电压为 35.4V，实际总功率为 30.24kWp。整个发电系统，可将每 8 块组件串联为一个单元。总共有 21 个支路并联，输入 4 个汇流箱，其中 3 个汇流箱每个接 5 路输入，最后一个汇流箱接 6 路输入。汇流之后，通过电缆沟之后接入主控室交直流防雷配电柜，通过交直流防雷配电柜直流单元后接入并网逆变器，最后并网逆变器实现逆变输出，经交直流防雷配电柜交流单元接入 380V 三相低压电网。

并网系统对逆变器部分提出了更高的要求：

（1）只要逆变输出的正弦波、高次谐波和直流分量足够小，就不会对电网造成谐波污染。

（2）逆变器在负载较大和日照变化幅度较大时都能高效运行，也就是说逆变器需具备最大功率跟踪功能，无论温度或日照如何变化，逆变器都能自动调节，使系统保持最大功率的输出。

（3）具有先进的防孤岛运行保护功能，也就是说电网失电的时候，系统自动从电网中脱离出来，可以有效避免单独供电时，对检修维护人员造成不必要的危害。

（4）具有解列和自动并网的功能，早晨太阳升起的时候，日照条件达到发电输出功率要求时，光伏系统就会自动投入电网进行发电；在日落的时候，输出功率不足以发电时，就会自动从电网中解列。

（5）输出电压需要有自动调节功能，并网逆潮流上送时，调整电压和调整上送功率可以通过改变并网点电压来实现。

（6）并网保护功能需完备，当逆变器一侧或系统一侧有异常情况发生时，可迅速切除与发电系统的连接，保护功能分为欠电压保护、过电压保护、欠频率保护和过频率保护等，当保护功能完全的时候，就可以实现远程监测无人值班的功能。如图2.30所示为并网逆变器的主电路结构，光伏阵列中的直流电压通过三相全桥逆变器电压后被转换为高频的三相交流电压，经过滤波器滤波后转换为正弦波电压，最后经过三相变压器隔离升高电压后接入电网发电。

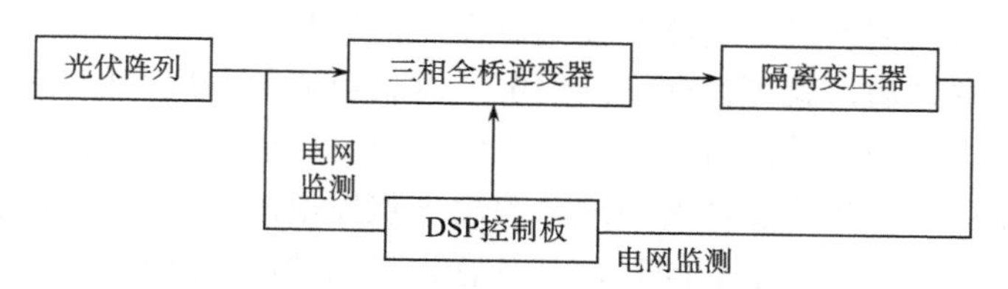

图2.30　并网逆变器的主电路结构

并网光伏逆变器中使用的控制芯片型号为DSP，运用电流控制型PWM有源逆变技术，输入电压为宽直流220～450V。光伏系统中的逆变器持续检测光伏阵列是否达到并网发电条件，即产生足够的能量用于并网发电。当条件达到时，也就是说阵列电压超过240V，持续时间超过1min时，逆变电源就会从待机模式跳转为并网发电的模式，光伏阵列当中的直流电就被转换为交流电，此时可以接入电网。在系统为并网发电的模式时，我们想要光伏阵列输出的能量达到最大，那么逆变电源就必须一直以MPPT的方式运行，这使得太阳能的利用率有效提高。当夜晚来临的时候，太阳辐射就会变得很弱，当光伏阵列电压小于200V，光伏阵列产生的能量不足以发出电量的时候，逆变器就会自动切断电网的连接。

2.6.2　太阳能光伏建筑一体化

集成了光伏发电系统的建筑称为光伏建筑一体化（building integrated

photovoltaic, BIPV），该系统具有发电功能的同时，也是建筑物外部结构密不可分的一个组成部分。现阶段，在现实应用中，仅一小部分“光伏建筑”采用了BIPV，安装光伏发电系统在现有的建筑上，是被人们乐于接受的一种方式，称为安装型太阳能光伏建筑（building attached photovoltaic，BAPV），光伏发电系统在功能上其本身并不具有建筑材料或建筑构件功能。所以，BAPV和BIPV应合称为BMPV（building mounted photovoltaic），也就是“安装在建筑物上的光伏发电系统”。人们所熟知的BIPV仅仅是BMPV的形式之一。在德国现阶段光伏应用市场份额中，BIPV（玻璃幕墙和天棚等体现建筑集成与光伏发电系统概念的）仅占全部市场份额的1%，BAPV（附加在现成建筑上的光伏发电系统，如斜屋顶、平屋顶等）占89%，而地面光伏发电系统占据市场份额的10%。

世界总能耗的1/3是建筑物自身能耗，这其中供热能耗和空调能耗占有特别大的比例。我们将建筑与光伏结合起来，就可以有效地减少建筑物内部的能量消耗，将来的一个阶段光伏发电最大的市场就是建筑与光伏一体化。图2.31是世界最大的光伏一体化建筑——太阳能方舟。目前，“建筑物与光伏发电集成化”是许多学者愿意置身其中的研究课题，它开创了光伏应用的一个广阔领域，象征着光伏发电进入了规模化应用的时期。通常意义上，在建筑物或住房的屋顶安装光伏电池组件，引出端通过逆变器及控制器之后，将其与公共电网连接，再将电网与光伏方阵并联之后，就可以向用户供电，这就组成了家用并网光伏发电系统，这样在降低蓄电池费用的同时，能有效降低光伏发电成本，同时达到环保和调峰的效果。如果更进一步将普通的玻璃幕墙用光伏发电的玻璃幕墙替代，建筑材料直接采用电池组件，在发电的同时，又具有建材的功能，这将成为城市中一道亮丽的风景线。将建筑与光伏发电结合起来，在节约占地的同时，不仅可以扩大发电应用，还能使得输电线路的损失有效减少，使投资成本降低，从而完全替代或部分替代建筑材料。

图2.31　世界上最大的光伏一体化建筑——太阳能方舟

BMPV 系统一般由墙面或屋顶、光伏组件、支架和冷却空气通道等组成。一个完整的 BMPV 系统，还应同时具有逆变器、蓄电池、系统控制器等。

建筑集成光伏发电系统的优点有如下几点：

（1）能使得幕墙和建筑物屋顶得到有效利用，土地资源可以得到有效节省，对于土地成本高昂的城市用地来说，这一点特别重要。

（2）实现建筑自身节约能耗，可有效减少建筑能量消耗。白天是用电高峰期，此时 BMPV 系统发出的电能即为黄金电，能够缓解公共电网的供电压力，具有显著的环境效益和经济效益。

（3）对于发电的当地产，当地用，在一定程度上可以节省国家政府对于电网的资金投入。以并网光伏发电系统为例，光伏阵列产生的电能不仅可以供给建筑物内部的电器使用，也可将其接入电网，这样由公共电网作为主要供应电力源，而光伏方阵作为电力供应的补充，使得供电更加可靠。

（4）通常情况，我们将光伏组件阵列安装在向南的墙面上，或者是屋顶上，这可以使得太阳能被直接、有效地吸收，所以 BMPV 系统在发电的同时，还可以缓解墙面和屋顶温度的升高。

（5）现今，光伏电池的特点为组件化，因此，安装光伏阵列就变得非常简便，从而发电容量的调整也更加简单易行。

（6）并网光伏发电系统噪声很小、不排放污染物、没有任何燃料的消耗，可以使得玻璃面上的光反射有效减少，避免玻璃类建筑材料的表面光污染，具有绿色环保的特点，在一定程度上提高了楼盘的综合品质。

BMPV 不仅可以保持室内温度恒定，它的造型还十分美观，因此它的实用价值得到了提升，设计方案采用建筑结合的方式可以有效降低成本。可以想象，两种 BMPV 产品在接下来的一段时间可能会有一定程度的发展：其一，玻璃光伏薄膜幕墙；其二，薄膜式屋顶和光伏瓦片。安装光伏发电系统在建筑物上时需要注意：BMPV 组件如果结构不合理或者通风效果不良则会造成组件产生热斑，从而导致组件过早地衰退和出现故障。为大力推广 BMPV，建筑公司应紧密加强与系统制造商和光伏组件的合作。此外，如果有尘土覆盖于建筑物的光伏组件上，也会严重影响输出功率。

2.6.3 太阳能光伏路灯

1. 光伏路灯设计所需的数据

在设计光伏路灯时，所需要综合考虑的数据有以下几点：

（1）光伏路灯使用地的地理位置，包含其经纬度、气象资料等信息，如月份（年份）平均太阳能辐照、风力和平均气温等数据，通过这些数据可得到当地的太阳能标准峰值时数（h），即可确定最佳的光伏电池组件的倾斜角与方位角以达到最大的发电效率。

（2）光伏路灯采用光源的功率（W）。光源同样是光伏路灯系统中重要的组成部分，其功率大小对整个系统的参数和稳定性有着直接的影响。

（3）光伏路灯每晚持续工作时间（h）。光伏路灯在日照条件下发电所得均是为夜间照明服务，故这是决定光伏路灯系统中光伏电池组件容量的重要参数，通过确定工作时间，可初步计算负载每日功耗和与之相对应的光伏电池组件的容量。

（4）光伏路灯使用地的连续阴雨天数（d）。光伏路灯需满足当地连续阴雨天气对夜晚照明的需求，此参数决定了阴雨天过后恢复蓄电池容量所需要的光伏电池组件功率和蓄电池容量的大小。

2. 光伏路灯系统设计要点

在发电原理上，光伏路灯与独立太阳能光伏发电系统基本相同，故也可参考一般的独立太阳能光伏发电系统来设计光伏路灯。首先确定光源的功率，每日必需的工作时间，所需保证的连续阴雨天气下正常照明，再计算光伏电池组件的功率以及系统所需蓄电池的容量。但由于光伏路灯的特殊性，需要确保系统工作稳定可靠，所以在设计时需要特别注意以上条件。

通常情况下，在设计时光伏路灯需每晚工作 10 小时以上，但是大部分现实情况中，每晚照亮时间并不需要 10 小时之久，在半夜和后半夜以后，过往的车辆不多，行人也较少，此时间段内完全可以降低功率运行。过去在采用高压钠灯时，难以做到任意改变钠灯的功率，而现在 LED 照明已普及，可轻松改变光源功率和亮度，故采用自动智能控制器来实现照明亮度的调节以节约功耗的方式是完全可行的。这种亮度调节机制可根据当地交通流量的统计值来设定，在有些地区自动智能调光甚至可以做到只需原先 30%的光伏组件，如原来需要 600W 的光伏电池组件，现在只要 200W 左右。

同时，在蓄电池直接向电池组件获取电量充电时，要求光伏电池组件的电压必须高于蓄电池的电压（如 12V），而从图 2.32 中可以看出，这时它的输出功率并非最大值。故在充电控制器中使用的是最大功率跟踪控制方式，其可充分利用光伏电池组件的功率，在任何照度都可以工作在光伏电池输出功率曲线的最大值上。通过此方式，大约又可以节省 30%的输出功率，即光伏电池组件的面积又可以减小 30%，这就大大减小了光伏电池组件的尺寸，也提高了抗风能力，最为重要的是大大降低了建造成本。

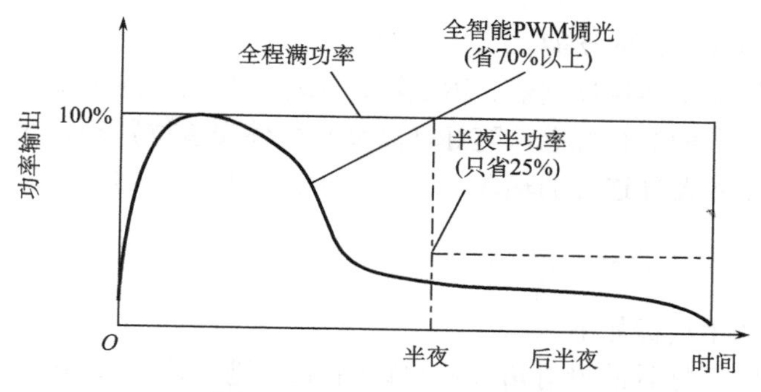

图 2.32 自动智能调光曲线

在光伏路灯系统中，蓄电池的使用寿命同样是重要的性能参数，通常情况下蓄电池寿命为3～5年，但即使未达到使用寿命，也会出现电池储电性能下降的情况，例如，一般蓄电池在使用一年，甚至半年以后就会出现充电不满的情况，有些实际充电率甚至可下降到50%左右，这极大地影响了连续阴雨天时期的夜间正常照明，所以在设计之初，务必选择性能优良的蓄电池以避免此类情况。

LED光源的寿命较长，且在部分时间段，处于低功率工作状态。但目前市场上LED光源的质量良莠不齐，工作半年便衰减50%光照度的劣质LED光源同样以低价、低成本的方式在市场上流通，若光伏路灯系统选择此类LED光源势必造成照明性能的迅速下降，所以一定要选择高质量的LED。更为重要的是LED光源的散热与恒流问题必须得到妥善解决，如果要实现恒流，可使用具有恒流功能的控制器或另外配备一个恒流驱动，通常情况下依靠铝基板来为LED光源散热，如在铝基板下面增加散热器，可大大提高散热效能。

光伏路灯的设计需要在整体上考虑各个环节的适配，同时也不可忽略各种细节问题；蓄电池容量选型设计与光伏电池组件的峰瓦数选型设计，可采用目前通用的设计方法，设计思想较为科学；光伏电池组件支架与灯杆设计也需考虑抗风性能，表面处理方式也应具备良好的抗腐蚀性能；作为一款产品，光伏路灯整体结构应当简单大方并且美观实用，在降低制造难度的同时也易于被大众所接受。一个光伏路灯系统由光伏电池组件及支架、充放电控制器、蓄电池、光源、灯杆灯具、线缆和连接紧固辅件等六大基本部分组成，任意一个环节出现问题都会造成产品的重大缺陷。

灯具也就是通常所说的灯头，通常意义上是指用于安装照明光源的部分；灯杆通过挑臂与灯具连接，分为变径杆、锥形杆、组合杆等多种形式。进行灯具和灯杆的选择没有特殊的要求，满足美观实用的条件就可以了，一般情况下，光伏路灯在进行选择时，常见的灯杆、灯具都可纳入考虑范围。而如果要直接在灯杆上安装光伏电池组件，则需根据光伏电池组件面积结合灯杆的抗风强度问题设计加工制作光伏电池组件的支架。

线缆的作用在于连接控制器、蓄电池、光源、光伏电池组件等器件。随系统配置需要确定线缆的线径标准，随灯杆高度和器件安装位置确定线缆的长度。通过线缆辅件固定各器件连接的输入、输出端子；灯具辅件用于固定灯具及灯杆。

3. 光伏路灯通用指标

光伏路灯通用指标如下：

（1）光伏路灯灯具的投射角（按垂直轴 120°进行计算），在地面范围内，路面照度大于等于 0.1lx，主次干道地面平均照度大于 4lx。

（2）使用期 1 年之内光源光衰小于等于 20%，LED 光源发光角度大于等于 60°。

（3）储能供电时间：光伏路灯需保证储能供电时间大于等于 3 个连续阴雨天。

（4）灯杆强度：整体抗风压值不小于 35kg/m²。

（5）灯具需具备一定的抗破坏能力；灯罩材料需有高透明度；反光器反光效果良好，具备一定的防水防尘性能，应达到 IP65。

（6）所有光伏路灯部件均要牢固安装，并具备一定的防盗功能。

（7）所有设备器材应达到国家相关标准的技术要求，应具备国家认可的、期内的检测报告。

（8）光伏路灯系统相关部件使用寿命和质量保证年限应当满足国家标准规范的要求。

2.6.4 我国太阳能光伏发电应用实例

多元光伏电力系统（图 2.33）是由财政部、住房和城乡建设部联合批准资助的太阳能光电建筑应用一体化示范项目。由南昌大学光伏研究院和信息工程学院电气与自动化工程系提供方案设计，由旭阳光电科技、晶澳太阳能和赛维 BEST 三家光伏企业提供太阳能电池组件和承担建设，由南昌大学光伏研究院完成系统信息集成。项目总装机为 500kWp，分布在材料楼、环境楼、信工楼、建工楼和艺术楼。各楼站自发自用，与电网并行供电，优先由光伏发电系统供电，发电不足时由电网平衡补齐，发电多余时为确保安全，暂不上传，各楼接入点附加防逆流控制装置。同样为确保安全，电网停电时，本系统除材料楼独立离网部分外，亦自动停止供电。各楼站均配置有光伏监控系统，对光伏系统的交直流侧全部电量及环境参数进行实时采集，并传送到计算机进行存储、显示和上传，实现全面监控记录，并有自动故障报警及电能管理功能。各楼站均配有一台液晶显示器供实时监控。各楼站发电运行数据通过互联网和计算机集成后统一上传，通过联网计算机或手机可随时随地了解各站发电运行情况。材料楼另配有全彩 LED 屏幕，其蓝、绿色 LED 采用南昌大学自主开发并产业化的硅衬底 LED 芯片制作，由南昌大学硅衬底 LED 国家工程中心赞助。

图 2.33　南昌大学 500kWp 分布式多元光伏电力系统

两条绵延起伏的波浪状光伏阵列坐落在浙江大学紫金港校区东教学楼约 500m 长廊的顶部上，这条长廊是我国最具代表性、最有特色的光伏建筑小品之一，如图 2.34 所示。该光伏发电系统落成于 2011 年 8 月 29 日，是由日本富士电机控股株式会社和浙江大学共同合作建成的。非晶硅薄膜光伏电池组件是由富士电机控股株式会社生产的，光伏并网接入系统是由富士电机控股株式会社和浙江大学研发的，系统发电容量为 68kWp。该光伏系统采用 F-WAVE 薄膜，其质地十分柔软，能够贴合铺设在整个 500m 长廊顶上，与周围环境浑然一体；在避免光污染的同时，因为材料成分中不含有易碎玻璃，其安全性能更加优良，不会影响人们的生命财产安全。不仅如此，浙江大学还在位于玉泉的校区建成了一个可再生能源的微型电网，该电网与紫金港校区的光伏发电系统协同工作，最终构建了一个全新的智能电网开放性研究平台，其特点为跨区域协作、信息流与电能流双向交互。这一典型的光伏示范工程将开展低碳校园建设与智能电网研究、可再生能源应用研究有机结合起来，可供其他高校借鉴。

中国首个治沙光伏项目于 2016 年 6 月 16 日成功并网发电。该项目总装机量为 1000MWp，项目投入约 110 亿元，具有约 80000 亩[①]的治沙面积。首期 20 万 kWp 工程投入资金约 16 亿元，具有约 15000 亩的治沙面积，为中国目前一次性建成最大的光伏发电项目，如图 2.35 所示。

① 1 亩≈666.7 平方米。

图 2.34　浙江大学校园光伏长廊

图 2.35　中国首个治沙光伏项目：库布其沙漠 1000MWp 生态太阳能光伏项目

库布其沙漠 1000MWp 生态太阳能光伏项目是在政府支持下的全国首个治沙光伏项目，由内蒙古亿利库布其生态能源有限公司承建。该综合项目不仅可以用光伏发电，还能同时推进固沙、防风和绿化工作，铺设红泥、种植沙障、撒施秸秆等措施被用于项目区。在光伏区域周围建设长度五百余米的防风阻沙林带，耐寒、耐旱牧草及地被植物可种植在板下和板间，并可集约化养殖沙漠天鹅、家禽、绵羊等。光伏板具有挡风遮光的功能，在沙漠里它可使得蒸发量减少 800mm/a，风速降低 1.5m/s。板下、板间的灌溉系统采用渗灌、微喷、膜下滴灌等节水技术，相比于常规沙漠种植及灌溉模式，该项目可节约用水 90%以上，植物成活率可以提高30%以上。在土地上种植甘草和苜蓿等植物，不仅可以达到生物固氮的效果，而且可以逐年增加土壤肥力，逐步将荒芜的沙丘转变为肥沃的土地，使得土地完成增值，利用亿利资源4600多亿元生态财富使得生态效益继续增加。该光伏项目租用农牧民未利用荒沙地，在解决了项目用地的基础上又让农牧民实现了资产增收。项目采取“农户总承包”“公司+农户”等扶贫产业化合作机制进行产业化治沙，农牧民收入可增加约2000万元每年，实现了“精准扶贫、因地制宜”的目标。治沙光伏项目的成功实施意义重大，不仅能进一步总结荒漠化贫困地区光伏发电与治沙改土结合，还能扶贫济困、改善民生。

2016年6月29日，受到人们广泛关注的大同采煤沉陷区国家先进技术光伏示范基地正式并网发电，这是百万千瓦级光伏发电领跑示范基地所有项目中我国第一个成功并网投运的项目，如图2.36所示。2015年6月25日，全国首个光伏发电领跑基地——大同采煤沉陷区国家先进技术光伏示范基地由国家能源局正式批准并启动。根据国家能源局的规划，整个基地装机分三期进行，装机容量为3000MWp。其中，一期工程装机容量为1000MWp，共建成8座110kV汇集站、6座50MW光伏电站、7座100MWp光伏电站、2座220kV汇集站，示范基地的两个片区分别为位于南郊区云冈的高山和位于左云县店湾镇的水窖，投资预算约100亿元。基地一期工程于2015年9月开始建设。大同政府在基地建设过程中，为实现“光伏新技术示范地、领跑技术实践地、先进技术聚集地”的目标，主动创新企业招商模式、创新项目开发模式、创新工程建设模式、创新项目用地模式、创新技术引领模式、创新项目服务模式、创新持续领跑模式、创新共享发展模式，因此用地、投资、技术等一系列难题迎刃而解。项目中还出现了各种诸如建设周

图2.36　山西大同3000MWp领跑者项目

期短、高效组件交货期紧、施工难度大等需要克服的问题，市采煤沉陷区光伏示范基地建设领导组进行统一指挥协调，他们采用协同进行送出工程与电站建设、进度与技术双领跑等措施，在冬雪中磨炼，在烈阳下战斗，大力推进项目建设进度，使得基地一年内开工建设、并网投运的目标顺利实现。

思考练习题

（1）太阳能的优缺点分别有哪些？

（2）什么是光生伏特效应？

（3）太阳能电池的工作原理是什么？

（4）什么是太阳能电池的量子效率？

（5）太阳能光伏材料主要有哪几种？

（6）什么是晶硅材料的改良西门子法？精馏的原理是什么？

（7）非晶硅材料被选为太阳能光伏材料的原因是什么？

（8）CIGS 薄膜的特点是什么？

（9）DSSC 太阳能电池由哪几部分组成？其工作原理是什么？

（10）有机半导体太阳能光伏材料有哪些？有机半导体光伏电池的优点有哪些？

（11）最常见的钙钛矿光伏材料是什么？钙钛矿光伏电池由哪几部分组成？

参 考 文 献

(美)德内拉 • 梅多斯, (美)乔根 • 兰德斯, (美)丹尼斯 • 梅多斯. 2006. 增长的极限. 李涛, 王智勇译. 北京: 机械工业出版社.

葛新石. 1980. 太阳能利用中的光谱选择性涂层. 北京: 科学出版社.

何宇亮, 陈光华, 张仿清. 1989. 非晶态半导体物理学. 北京: 高等教育出版社.

林原, 周晓文, 肖绪瑞, 等. 2006. 固态染料敏化二氧化钛纳米晶薄膜太阳能电池的研究进展. 科技导报, 24(6): 11-15.

刘恩科. 1991. 光电池及其应用. 北京: 科学出版社.

沈辉, 曾祖勤. 2005. 太阳能光伏发电技术. 北京: 化学工业出版社.

吴治坚, 叶枝全, 沈辉副. 2006. 新能源和可再生能源的利用. 北京: 机械工业出版社.

张世斌, 廖显伯, 杨富华, 等. 2002. 非晶微晶过渡区域硅薄膜的微区喇曼散射研究. 物理学报, 51(8): 1811-1814.

赵争鸣, 孙晓瑛, 刘建政. 2005. 太阳能光伏发电及其应用. 北京: 科学出版社.

Chen C, Chen J, Wu S, et al. 2008. Multifunctionalized ruthenium-based supersensitizers for highly efficient dye-sensitized solar cells. Angew. Chem., 47(38): 7342-7345.

Deb S K. 2005. Dye-sensitized TiO_2 thin-film solar cell research at the national renewable energy laboratory(NREL). Solar Energy Mater. Solar Cell, 88(1): 1-10.

Green M A, Emery K, Hishikawa Y, et al. 2016. Solar cell efficiency tables(version 49). Prog. Photovolt: Res. Appl., 25(1): 3-13.

Wang Z, Cui Y, Hara K, et al. 2007. A high-light-harvesting-efficiency coumarin dye for stable dye-sensitized solar cells. Adv. Mater., 19(8):1138-1141.

Woolfson M. 2000. The origin and evolution of the solar system. Astronomy & Geophysics, 41(1): 12-19.

Yan B, Yue G, Guha S. 2007. Status of nc-Si∶H solar cells at united solar and roadmap for manufacturing a-Si∶H and nc-Si∶H based solar panels. Mater. Res. Soc. Symp. Proc., 989: 0989-A15-01.

Zirker J B. 2001. Journey from the Center of the Sun. Princeton: Princeton University Press.

第3章 核 能

3.1 核能概况

核能是 20 世纪出现的一种新能源。自世界上第一座反应堆运行成功至今，虽然只经历了短短几十年的时间，但核能已经获得了巨大的发展。当年费米领导启动的世界第一座反应堆功率仅为0.5W，后来也只达到200W。根据国际原子能机构统计，截至2010年10月底全世界有441台核电机组在运行，总装机容量约3.7亿kW。

核能通过原子核反应而释放出巨大能量。其涉及的不是物理或化学变化，而是原子核变化：在产生核能的过程中原子核产生了变化，由一种原子核变成了另外一种原子核。

核能以几个世纪以来的经典科学（包含对化学和物理学的研究）和一百多年的现代科学对原子和原子核结构的研究为基础。1879 年，克鲁克斯（Crookes）通过放电完成了气体电离实验。1897年汤姆孙（Thomson）验证了电子是构成电荷的带电粒子；1895年伦琴（Röntgen）由放电管发现了贯穿X射线；1896年贝可勒尔（Becquerel）从完全不同的来源——元素铀，发现了类似的射线（现在已知是γ射线），铀显示出天然放射性；1898年居里夫妇分离出放射性元素镭；1908年，爱因斯坦提出：任何物体的质量都是随着速度的增加而增加的，并发表了质能转换公式 $E=mc^2$。质能转换公式很好地解释了放射性元素辐射出射线并伴有能量减轻的现象。

由于镭具有治疗癌症的特殊功效，在居里夫妇发现镭以后镭的需求量不断增加，所以许多国家开始从沥青铀矿中提炼镭，这一过程中产生了很多含铀矿渣，成了“废料”。直到1939年1月德国的哈恩（Hahn）和斯特拉斯曼（Strassmann）发现用中子轰击铀可以得到元素钡。弗罗施（Frisch）和迈特纳（Meitner）猜想钡是铀裂变的产物，因为它的质量只有铀的一半。因此费米就萌生了一种想法：如果在这个过程中有中子发射，那么释放出大量能量的链式反应也许能够实现。这种想法一经发表就受到了广泛的关注。到1940年就有了近百篇的技术文献。链式反应的全部定性特征——中子被轻元素慢化、热中子俘获和共振俘获、由热中子引起的 ^{235}U 的裂变的存在、裂变碎片的巨大能量、中子的释放、产生超铀元素（在元素周期表中位于铀后面的元素）的可能性等，都迅速地得到了清晰认识。

铀的核裂变现象被发现后，铀变成了最重要的元素之一，这些“废料”也就成了“宝贝”。从此，铀的开采工业迅猛发展起来，并迅速形成了独立完整的原子能工业体系。

3.2 我国核技术的应用

3.2.1 原子弹

图 3.1 为中国第一颗原子弹爆炸的蘑菇云。原子弹是利用重核裂变释放出巨大能量来达到杀伤破坏目的的武器。它使用的装料为铀 235 和钚 239。它的爆炸原理是：原子弹在爆炸前，核装料在弹内分成几块，每块都小于临界体积（能使链式反应不断进行下去的核装料最小体积），而它们的总体积却大大超过了临界体积。爆炸时，控制机构先引爆普通的烈性炸药，利用爆炸的挤压作用，使几块分离的装料迅速合拢，使总体积大于临界体积。这时，弹内的镭铍中子源放出中子，引起裂变链式反应，在百万分之一秒的极短时间内释放出巨大能量，引起猛烈爆炸（侯逸民，黄炳印. 1984. 核能. 北京：能源出版社.）。

图 3.1 中国第一颗原子弹爆炸的蘑菇云

3.2.2 核潜艇

核能在军事方面的另一个重要应用是给潜艇提供动力，此类潜艇称为核潜艇。它是在常规潜艇基础上发展起来的，以压水反应堆作为它的核动力装置。它换常规潜艇旧貌为新颜，成为袭击水面舰只，破坏敌人海上运输的新型战舰。它以隐蔽性好、续航力大、潜航时间长、航速高等特殊优点遨游在海洋之中。在敌人的突然袭击下，只要留有一艘导弹核潜艇，就能给敌人以严重的回击。在现代海军中，它相当于水面的战斗巡洋舰。

多年实践证明，压水堆是唯一适用于潜艇的堆型。它的所有设备都布置在反应堆舱和机艇中。核潜艇的回路系统与陆上压水堆核电站类似，不同之处是其二回路蒸汽通过汽轮机组驱动螺旋桨。但也有用汽轮发电机组通过直流电动机来驱动螺旋桨的，这样就避免了齿轮噪声，但重量大、航速低。

由于核潜艇海上航行和战斗的特殊需要，它的核动力装置还是有不同于核电站的地方的：要求其体积小，重量轻，控制系统简单、灵活和自动化程度高；各项设备要耐冲击、耐振动、抗摇摆，并能在潜艇横倾、纵倾达 40°～50°的条件下良好地工作；各项设备要做到安全、可靠、不出事故；机器转动的噪声尽量小，核辐射、热辐射、电磁辐射都要尽量弱，免于被敌人发现。所有这些对核潜艇的设计和制造都提出了严格的要求，也是它的难点所在。

3.3　核反应种类

核能分为两种，一种叫核裂变能，简称裂变能；一种叫核聚变能，简称聚变能。核裂变能是指通过一些重原子核裂变释放出能量。核聚变能是指由两个轻原子核结合在一起释放出能量。

3.3.1　裂变

大多数同位素吸收一个中子之后发生辐射俘获，激发能以 γ 射线形式释放出来，但在某些重元素中，特别明显的是铀（U）和钚（Pu），会看到另一种结果，即核分裂成两个大碎片，此过程叫做核裂变。图 3.2 以 ^{235}U 核反应为例说明裂变的各个阶段。图中，A 阶段是一个中子接近 ^{235}U 核，在 B 阶段形成 ^{236}U 并处于一种激发态。在某些相互作用中，多余能量也许以 γ 射线形式释放出来，但更常见的是这种能量使核畸变成哑铃状，如图中 C 阶段。哑铃状核的两部分以类似液滴运动的方式振动，由于静电排斥力大于吸引力，所以这两部分分离开来，如图中 D 阶段所示。分开后的部分叫做裂变碎片，它们带着释放出的大部分质能，高速飞开，以动能方式带走的能量约为 166MeV，整个过程释放的总能量约为 200MeV。这些碎片分开时，失去原子的电子变成高速粒子。这些粒子在飞行过程中与周围介质的原子、分子等相互作用又释放掉能量。如果裂变发生在核反应堆中，那么可以以热能形式回收利用这部分能量。图 3.2 上还画出了核裂时放出的 γ 射线和快中子。

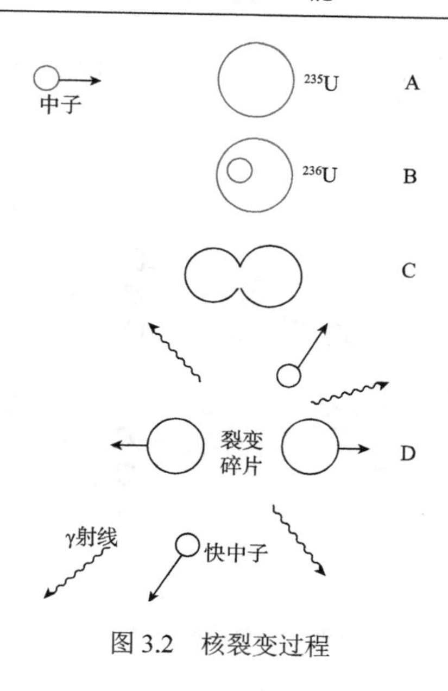

图 3.2 核裂变过程

3.3.2 链式裂变反应

当中子撞击铀原子时，一个铀核吸收了一个中子而分裂成两个轻原子核，同时发生质量亏损，因而放出很大的能量，并产生2～3个新中子，这就是核裂变反应。

假设一个铀原子核裂变产生出两个新中子，这两个新中子打在两个新的铀原子核上引起裂变，一共产生4个新中子，这4个新中子又打在4个新的铀原子核上引起裂变，再产生8个新中子……这样，由最初的一个中子开始，就有可能有无数个中子引起核裂变反应。最早产生这样设想的，是匈牙利物理学家西拉德（L. Szilard，1898～1964）。科学家们确定，只要满足一定的条件就会出现这样的情况。第一个条件是铀要达到一定的质量；第二个条件是中子的能量要一定（^{235}U 原子核在慢速的“热中子”作用下很容易发生裂变反应，其中热中子的能量为0.025eV）。在这样的条件下，由一个中子引起一个铀原子核裂变开始，按前述方式发生链式雪崩反应，称为核裂变的链式反应，或称为链式裂变反应（图3.3）。

3.3.3 聚变

把两个或几个质量轻的原子核结合成一个较大的原子核，就是聚变核反应。它和裂变在形式上正好相反，其关键的因素就是克服核间的排斥力。

聚变发生时的具体情况可以这样想象：当质点得到了足够的能量而克服其间的排斥力或者被外力拉到一起时，两个质点合在了一起，或一个质点进入另一个核中，由于短程的核子力作用而紧密地结合起来。由于它们都具有形成最稳定的核的趋向，所以有可能放出多余的质点；同时，由于反应形成了更紧密的核，所以放出了很大的能量。

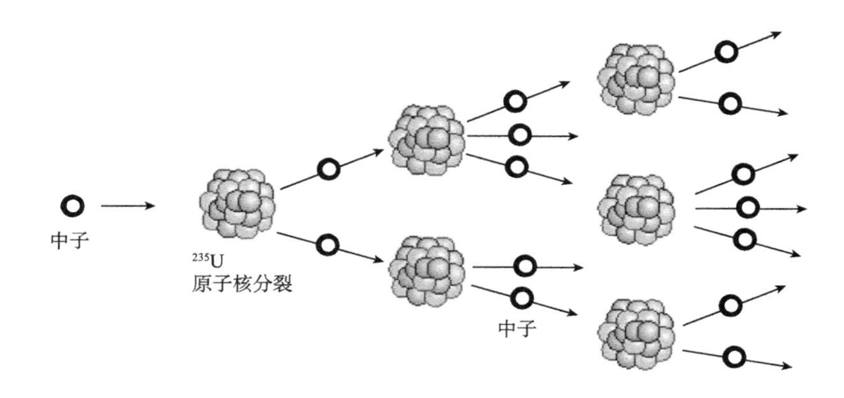

图 3.3　链式裂变反应

作为核反应形式的一种，聚变相比于一般核裂变反应，放出的核能大很多。这是由于聚变一般只发生在轻原子核中，而轻原子核间的核子平均结合能的变化在所有原子核中最大，因此结合成一个原子核时，每个核子放出的能量也最大。一共有三种实现核聚变的方法。

第一种是用人工方法把原子核质点加速，使它得到足够的能量而克服电磁排斥力来实现聚变反应。例如，把氘子加速到几万电子伏特的能量来轰击氚，就有可能引发下列的聚变：

$$_1H^2+_1H^3 \longrightarrow {_2He^4}+{_0n^1}$$

结果是形成较大的核——氦核，并放出巨大的能量。用这种方法的最大缺点是实际发生反应的机会很少，因此很难实现。

第二种是用加热的方法使反应质点得到足够的能量，激发聚变反应。一般需要加热至一百万摄氏度以上，甚至在几千万摄氏度才能实现聚变。在如此高温度时完整的原子已不可能存在，会呈现电子和原子核分离的状态，这种由分离状态的电子和原子核所组成的物质，叫原形质。在高温下原形质中的原子核会发生聚变反应。

用这种方法激发聚变反应叫做热核反应。如果温度足够高的话可以使较多的原子核同时发生反应，而且反应的速度、充分程度与温度大致成正比。实现热核反应的困难在于不容易取得如此程度的高温。

第三种取得聚变的方法与上述两种方法大不相同。它是借助一种称为“负 μ 介子”的介子把一个重氢原子核和一个轻氢原子核引在一起而发生聚变，形成一个氦原子核，同时放出能量。

负 μ 介子（或阴 μ 介子）可以在加速器中产生，它的生存寿命很短，大约只有一百万分之二秒，随后就会变成一个电子。这种利用负 μ 介子引发的聚变不依赖于反应质点的速度及温度。

3.4　核　原　料

核能的主要原料为铀。美国 1967 年《地质调查局通报索引目录》中提到，含有铀的矿物大约有 480 种，其中约 155 种的主要成分是含铀物质。表 3.1 列出了常见的铀矿物。

表 3.1　常见的铀矿物

名称	组成
晶质铀矿	$(U^{+4}_{1-x},\ U^{+6}_{x})O_{2+x}$
沥青铀矿	晶质铀矿变种
深黄铀矿	$7UO_2 \cdot 11H_2O$
脂铅铀矿①	晶质铀矿的蚀变产物①
钛铀矿	$(U,Ca,Fe,Th,Y)(Ti,Fe)_2O_6$
铀钛磁铁矿	理论上为 $FeTi_3O_7$
水硅铀矿	$U(SiO_4)_{1-x}(OH)_{4x}$
硅钙铀矿	
铀钍矿	
钙铀云母	$Ca(UO_2)_2(PO_4)_2 \cdot (10\sim12)H_2O$
铜铀云母	$Cu(UO_2)_2(PO_4)_2 \cdot 12H_2O$
钒钾云母	$K_2(UO_2)_2(VO_4)_2 \cdot (1\sim3)H_2O$
钙钒铀矿	$Ca(UO_2)_2(VO_4)_2 \cdot (5\sim8)H_2O$
碳铀钍矿	晶质铀矿与碳氢化合物的络合物含 U 有机
沥青岩②	络合物的许多变种

注：①脂铅铀矿为晶质铀矿蚀变产物统称，可包括硅酸盐、磷酸盐和氧化物；

②实际上是碳铀矿钍矿的变种，但该名称可在广义上用于描述某些含铀的沥青质固体碳氢化合物。

矿石品位和矿床储量是评价矿床价值的主要指标。通常将矿石含铀量高于 0.3%的称为富矿石，0.1%～0.3%的为中等矿石，0.05%～0.1%的为贫矿石。铀储量大于 5000t 的铀矿床为大型矿床，1500t 左右的为中型矿床，100～1000t 的为小型矿床，铀储量小于 100t 的称为铀矿点。

基于放射性测量的技术是铀矿普查和确定成矿勘探常用的方法。例如，可以使用航空γ总计数测量、航空γ能谱测量及车载步行放射性测量法来圈定放射性异常区。

海水中含有大量的铀，总量大概有 40 亿吨。从海水中提铀的技术研究已进行了很多年，但目前所知的技术成本均很高，尚无实用价值。

铀矿开采是铀生产的第一步。含铀量 0.1%以上的铀矿才有开采价值。对于不同铀矿的地理环境，需采用不同的开采方法。在地面下较深的脉型矿床需采用地下坑道开采法；对于离地面较浅的沉积型大型矿床可采取露天开采法；近年来化学开采法越来越被大家所接受。不难想象，深层地下矿藏的开采成本很高，技术复杂；露天矿的开采最为容易，技术难度低/成本低；化学开采法的优点是开采容易，缺点是矿藏利用率低，而且有很大的环境污染的风险。

铀矿石开采后，就要进行铀矿石的加工和精制，这是一个很复杂的过程。主要包括铀矿石预处理、浸出、铀浓缩与纯化，以及铀的精制与转化等步骤。这些过程总称为冶炼，也曾称为“核燃料前处理”。整个冶炼过程大体分三个阶段：第一阶段是把铀矿石加工成铀化学浓缩物，这一过程需耗费大量的硫酸、氨水、树脂、萃取剂等。第二阶段叫做精制，把铀化学浓缩物精制成为核纯产品，并转化为铀的氧化物。第三阶段是铀的转化，将核纯产品转化为六氟化铀或还原为金属铀。此时就可进行储备或使用了。

3.5　核　电　站

3.5.1　核电站的组成

截至目前，发电是核能最重要的应用领域。作为发电原料，核能材料的能量密度极高，材料的运输成本很低，发电成本很低。例如，一座 1000MW 的核电站采用天然铀原料只需 130 吨每年，采用 3%的浓缩铀 235 作燃料则仅需 28t。但如果是同等的火力发电厂，每年却需要三百万吨煤。所需运输的原料比核电站的原料量高万倍！采用核能发电还可避免化石燃料燃烧所造成的环境污染问题，且这些化石燃料都是重要的化工原材料。基于上述原因，很多国家都高度重视核电的发展。图 3.4 为奥布灵斯克核电站的照片。

核电厂和火电厂的发电原理的主要区别是能量来源（热源）不同，而将热能转换为机械能再转换为电能的装置基本相同。核电是靠反应堆中的冷却剂将核燃料裂变链式反应所产生的热量带出来，而火电厂靠烧煤等产生热量。

核电站的系统和设备通常由两大部分组成：核能转化为热能相关的系统和设备，又称为核岛；常规的热能转化为电能的系统和设备，又称为常规岛。目前核电站中广泛采用的是轻水堆，即压水堆或沸水堆。表 3.2 给出了 2001 年世界核电站中各种堆型发电机组的概况。

图3.4 奥布灵斯克核电站

表3.2 世界核电机组概况

堆型	运行中机组	运行中净功率/MW	总计机组	总计净功率/MW
压水堆	256	227690	289	259492
沸水堆	92	79774	98	86866
各种气冷堆	32	10850	32	10850
各种重水堆	43	21839	52	27241
轻水冷却石墨慢化堆	13	12545	14	13470
液态金属块中子增值堆	2	739	5	2573
合计	438	353437	490	400492

压水堆核电站的结构如图3.5所示，其最显著的特点是整个系统由两大部分构成，即一回路系统（又称环路）和二回路系统。一回路系统的作用是将核能释放产生的热量传递出去，二回路是将一回路传递过来的热量吸收后产生蒸汽，推动蒸汽轮机做功。一回路系统中，15MPa压力的高压水被冷却剂泵（主泵）送进反应堆，吸收燃料元件释放出来的热量，然后进入蒸汽发生器下部的U形管内，将热量传递给二回路中的吸热介质——水后再返回冷却剂泵入口，形成闭合回路。二回路中的水在U形管外部流过，吸收一回路中传递出的热能后沸腾，产生的蒸汽进入汽轮机的高压缸中做功，高压缸的排气被再热器提高温度后进入汽轮机的低压缸做功。膨胀做功后的蒸汽在凝汽器中被凝结成水，被送回蒸汽发生器，这样就形成了另一个完整的闭合回路。一回路系统和二回路系统只传递能量，而物质传递是彼此隔绝的，这样可以保证万一燃料元件的包壳破损，只会使一回路水

的放射性增加而不会泄漏到二回路水中，这样就大大提高了核电站的安全性。

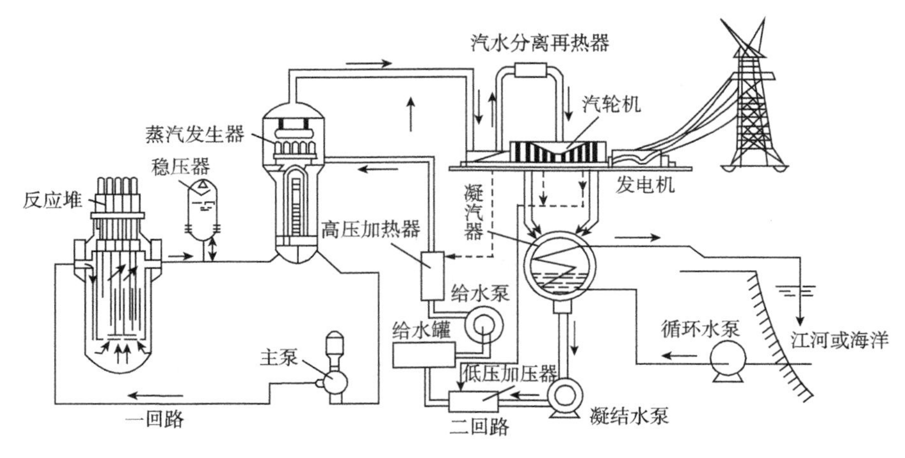

图 3.5　压水堆核电站的结构示意图

稳压器的功能是稳定一回路中水的压力。它的底部有电热装置，顶部有喷水装置，其上部充满蒸汽，下部充满水。如果一回路系统的压力低于额定压力，则可接通电加热器来增加稳压器内的蒸汽以提高蒸汽压。反之，如果系统的压力高于额定压力，则喷水装置喷冷却水，使蒸汽冷凝来降低系统压力。压水堆的主要参数如表 3.3 所示。

表 3.3　压水堆的主要参数

主要参数	环路数		
	2	3	4
堆热功率/MW	1882	2905	3425
静电功率/MW	600	900	1200
一回路压力/MPa	15.5	15.5	15.5
反应堆入口水温/℃	287.5	292.4	291.9
反应堆出口水温/℃	324.3	327.6	325.8
压力容器内径/m	3.35	4	4.4
燃料转载量/t	49	72.5	89
燃料组件数	121	157	193
控制棒组件数	37	61	61
回路冷却剂流量/（t/h）	42300	63250	84500
蒸汽量/（t/h）	3700	5500	6860
蒸汽压力/MPa	6.3	6.71	6.9
蒸汽含湿量/%	0.25	0.25	0.25

压水堆核电站以轻水作慢化剂和冷却剂，且其反应堆体积小、建设周期短，所以建造的费用较低；另外由于一回路系统和二回路系统之间无物质的交换传递，运行维护较为方便，需处理的放射性废气、废液、废物少，所以这种核电站在现在各类核电站技术中占主导地位。

3.5.2 核电站系统

核电站的构造极其复杂，它集中了当代许多最先进的技术。既要保证核电站能稳定、经济地运行，又要确保一旦发生事故，能够维持反应堆的安全和防止放射性物质外泄。为实现这些功能，以压水堆核电站为例，核电站主要由以下系统构成。

1. 核岛的核蒸汽供应系统

它主要由以下子系统构成。

（1）一回路主系统：其作用是将核燃料释放的热量收集传导给二回路中的工作介质。它包括压水堆、蒸汽发生器、主管道稳压器、冷却机泵等；

（2）化学和容器控制系统：其作用是管控一回路冷却剂的容器并调节冷却剂中的硼浓度，以控制压水堆的反应性变化；

（3）余热排除系统：又称停堆冷却系统，用于在反应堆停堆、装卸料或维修时将燃料元件发出的余热导出；

（4）紧急堆芯冷却系统：其用途是在发生严重事故时为反应堆的堆芯提供持续的冷却；

（5）控制、保护和检测系统。

2. 核岛的辅助系统

它主要由以下子系统构成。

（1）设备冷却水系统：用于冷却核岛内所有的带有放射性水的装备。

（2）硼回收系统：用于储存、监测处理一回路系统的排水，将其分离成符合一回路水质要求的水及浓缩的硼酸溶液。

（3）反应堆的安全壳及喷淋系统：核蒸汽供应系统一般都在安全壳内。安全壳可防止事故发生时放射性物质外泄，又能防止外来袭击（如飞机坠毁等）对核电系统的损毁。而安全壳的喷淋系统的作用则是保证事故发生引起安全壳内的压力和温度升高时对安全壳进行喷淋冷却。

（4）核燃料的装换料及储存系统。

（5）安全壳及核辅助厂房的通风和过滤系统：其作用是实现安全壳和辅助厂房的通风并防止放射性物质外泄。

3. 柴油发电机组

其用于紧急情况时给核岛供电。

3.6　核电站的安全性

3.6.1　核电与核弹

对于核电，公众首先关心的问题是：一旦发生安全事故，核电站会不会像核武器一样爆炸，造成毁灭性的破坏？回答是否定的。

核弹主要由高浓度（大于 90%）的裂变物质（^{235}U 或 ^{239}Pu）和复杂精密的引爆系统组成，需要引爆装置点火引爆，产生的爆炸力将裂变物质压紧在一起，超过了临界体积才能引起连锁反应，释放巨量的核能，才能产生极强的毁灭性的核爆炸。核电站的构造与核弹完全不同，其所用原材料和纯度也远远达不到核爆的要求，更没有引爆系统来引发核爆的连锁反应，所以不具备保证所需的必要条件，不会向核弹那样引发核爆炸。核电站反应堆的设计是使核能缓慢地、可控制地释放出来，供发电使用。

3.6.2　可控核聚变

核聚变反应需要在极高的温度下才能发生。在这种温度下，氘、氚等原子的核外电子都已被剥离，即原子核与电子完全分离，成为自由移动的带电粒子，它们混合在一起形成的高度电离的气体称为等离子体。除了极高的温度以外，等离子体密度和约束时间等参量也要达到一定的值才能实现可控核聚变。

根据式（3-1），辐射传热速度与温度的 4 次方成正比，所以在核聚变反应进行的极端高温情况下，等离子体以辐射的形式向外散失的热量非常多。此时如果聚变反应释放的能量小于辐射热量损失，热核反应就会停止。通常来说，随着温度的升高，聚变反应释放能量的增长速度会高于辐射热量的增长速度，因此当温度超过某一临界温度时，聚变反应就能自行持续进行，这一临界温度被称为“临界点火温度”。

氘-氚反应的临界点火温度约为 4×10^{7}℃，纯氘反应的临界点火温度约为 2×10^{8}℃。要维持聚变反应的进行，实际温度要远高于临界点火温度才行。例如，氘-氚反应堆的最低运转温度需达到约 1×10^{8}℃，纯氘反应堆约为 5×10^{8}℃。

描述黑体辐射强度与温度的关系式：斯特藩-玻尔兹曼定律（四次方定律），如下所示：

$$E_b=\sigma_b T^4 \quad (\mathrm{W/m^2}) \tag{3-1}$$

根据核物理相关知识，等离子体密度越大（即单位体积内的原子核数目越多）核聚变反应越容易自行持续进行。如果等离子体密度增大10倍，则聚变反应的可能性就会增加到100倍。另外，等离子体的约束时间也是一个重要的限制因素，约束时间越长越有利于聚变反应发生。热核反应必须在等离子体密度和约束时间的乘积大于某一数值的情况下才能进行，这一条件称为劳逊条件。表3.4给出了可控核聚变反应堆需要满足的基本条件。

表3.4　可控核聚变反应堆需要满足的基本条件

反应堆类型	最低温度/℃	等离子体密度/（个/cm）	最少约束时间/s	劳逊条件/（s/cm^3）
氘-氚	1×10^8	$10^{14}\sim10^{16}$	0.01～1	10^{14}
纯氘	5×10^8	$0.2\times10^{14}\sim0.2\times10^{35}$	5～500	10^{16}

3.6.3　核电站放射性影响

核电站的放射性污染也是公众最担心的问题之一。其实人们日常生活中，每时每刻都在不知不觉中受到各种天然和人工放射源的辐射，人体每年受到的放射性辐射的剂量约为7.3mSv，其中主要包括：

（1）宇宙射线，0.4～1mSv，它的剂量取决于海拔。

（2）地球辐射，0.3～7.3mSv，它的剂量取决于土壤的性质。

（3）燃煤电站，约1mSv。

（4）放射性医疗，约0.5mSv。

（5）人体，约0.25mSv。

（6）电视，约0.1mSv。

（7）核电站，约0.01mSv。

此外，饮食、吸烟、乘飞机等都会给人体带来辐射。由此可知核电站带来的辐射是微不足道的，比起燃煤电站要小得多。这是因为煤中含镭元素，其辐射甚强。但为了防止放射性物质意外泄漏，一般对核电站设置如下七道保险措施。

（1）陶瓷燃料芯块：芯块中只有小部分气态和挥发性裂变产物释出。

（2）燃料元件包壳：用来包裹燃料中的裂变物质，只有不到0.5%的包壳在寿命期内可能产生针眼大小的孔，有漏出裂变产物的可能。

（3）压力容器和管道：20～25cm厚的钢制压力容器和8～10cm钢管管道包容反应堆的冷却剂，防止泄漏冷却剂中裂变产物的放射性污染。

（4）混凝土屏蔽：厚达2～3m的混凝土屏蔽层可保护运行人员和设备不受堆芯放射性辐射的影响。

（5）圆顶的安全壳构筑物：用来遮挡电站反应堆的整体，可防止反应堆泄漏时放射性物质逸出。

（6）隔离区：用来隔离电堆和公众。

（7）建设在低人口密度区。

3.7　核能与环境

对核能相比于其他能源的风险比较应该是全面系统的。全面系统的比较是指基于能源利用的全产业链，不仅是核电厂本身，还包括原材料的开采、冶炼、浓缩、发电、后处理、废物处理等能源利用从原材料直到废物处理的全过程。全面的比较不仅是指系统风险本身，还包括建筑系统所用到的原材料等可能存在的危害风险等。

3.7.1　对健康危害的比较

相比于燃煤发电，在正常工作情况下核电全燃烧链对公众健康的影响评估要小 1～2 个数量级，对工作人员的影响也要小 1 个数量级。表 3.5 是我国核电和煤电燃料对公众的归一化集体辐射剂量。表 3.6 是我国核电和煤电燃料链对公众健康危害的具体数据。煤中不仅含有常规的有害元素，还含有天然放射性元素。仅从辐射危害看，燃煤电厂对公众的危害也远高于核电厂几十倍。秦山及大亚湾核电站的归一化有效集体剂量仅为常规火电厂的二十分之一。

表 3.5　我国核电和煤电燃料链对公众产生的归一化集体辐射剂量

（单位：人 · Sv/（GW · a））

核电燃料链	采矿和水冶	元件制造	同位素分离	电站	固体废物	运输	总计
	6.4	0.23	0.048	0.18	0.5	0.1	7.46
煤电燃料链	采矿和选煤			电站	固体废物	运输	总计
	0.42			50	120	可以忽略	170.42

注：Sv 是剂量当量单位，中文译为“希沃特”，表征辐射能为人体吸收后产生的作用大小，常用符号 H 表示，$H=DQN$，D 为吸收剂量，Q 为品质因素，N 为修正因子，N 取为 1。

表 3.6　我国核电和煤电燃料链对健康危害的比较表

归一化健康危害	公众		工作人员	
	核电燃料链	煤电燃料链	核电燃料链	煤电燃料链
辐射危害/[人 · Sv/（GW · a）]	7.46	1.7×10^2	15.2	1.5×10^2
非辐射危害	1.36	9.2		

从表 3.7 中我国核电和煤电燃料链归一化事故死亡率的比较明显可见，2000 年前煤电燃料链归一化事故死亡率高一个数量级。虽然说国家近些年关闭了很多小型火电厂，更加规范了火电厂的运行，运输死亡率降低很多，但核电比煤电燃料链死亡率低的关系仍将保持，这是因为核电燃料链归一化死亡率估算值 3.5 人·Sv/（GW·a）是 20 世纪 80 年代以前 30 年的平均值，本身就是非常保守的估算值，随着技术进步，近些年来已有很大改善。另外，现在越来越多的铀矿开采采用地浸技术，事故发生率大大降低。

表 3.7 我国核电和煤电燃料链事故死亡率（2000 年前）

（单位：人·Sv/（GW·a））

生产环节	核电燃料链	煤电燃料链
采矿	3.5	25.6
运输	可以忽略	12
总计	3.5	37.6

3.7.2 对环境影响的比较

核电站全产业链在正常工作和一般事故情况下，都是对环境中的动植物没有明显损害的。根据表 3.8 中所列数据，即使发生三里岛核电厂类似的事故，其辐射剂量也远低于能明显损伤到动植物的剂量水平；除非发生像苏联的切尔诺贝利核事故或日本福岛核电站般的严重事故。但作为燃煤发电，其在正常工作情况下产生的 SO_2 和 NO_x 等废气已经对动植物、建筑等产生显著危害。根据“我国酸沉降及其生态环境影响研究”课题的研究结果，估算我国 1995 年排放 SO_2 的对植物和人体健康而造成的经济损失就达一千多亿元。按照当年的燃煤发电量数据，可估算出 1 度电造成的环境损失就达 0.055 元，是煤电内部成本的四分之一！如果再算上对建筑、设备等造成的危害，则更是触目惊心。

表 3.8 对生物群体和个体不可能产生可察觉影响的辐射水平和核设施对环境产生的辐射水平

辐射水平	辐射影响
10mGy/d	不可能对物体和生态系统产生可察觉影响
1mGy/d	对生物个体不会产生可察觉影响
我国原有核设施在 1985 年前的 30 年中，有 93%的单位年关键居民组剂量小于 1mGy/d，最高为 1.82mSv/a	远低于对生物个体产生影响的水平
我国核电站关键居民组受剂量小于 10μSv/a	远低于对生物个体产生影响的水平
三里岛核事故产生的最高剂量约 1mSv/a	远低于对生物个体产生影响的水平

续表

辐射水平	辐射影响
切尔诺贝利核事故，致死区 $4km^2$，80～100Gy（γ 外照射）	松树完全死亡，落叶树部分死亡
次致死区 $38km^2$，10～20Gy（γ 外照射）	新的生长点大部分死亡，针叶科树部分死亡，落叶树有形态变化
中等伤害区 $120km^2$，4～5Gy（γ 外照射）	生产力下降，针叶科树干枯，形态变化

注：Gy 是吸收剂量单位，中译名为“戈瑞”。吸收剂量是指受到各种电离辐射作用时，电离辐射授予每单位物质的平均能量。

3.7.3　发展核能是降低当前温室气体排放量的有效途径

全电能燃烧链的温室气体排放量也是衡量电能燃烧链对气候影响的一个重要指标。这里所指的温室气体通常包括：二氧化碳、甲烷、氧化氮和四氟化碳。化石燃料能源链的二氧化碳排放当量为 400～1200g/(kW·h)，风能、核能的为 10～50g/(kW·h)，水力和生物能的为 150～180g/(kW·h)。在不同文献中上述数值差异较大，但趋势均相同，即化石燃料能源链最高，核能等新能源较低。不同文献报道的差异较大的主要原因是每种能源的计算标准不统一，计算的全产业链的范围也有很大出入。采用寿命循环的方法估算我国煤电燃料链温室气体排放因子约为等效 CO_2 1300g/(kW·h)，我国核电能燃料链温室气体排放因子约为等效 CO_2 30g/(kW·h)。全球核能已占总发电量的 17%，相比于燃烧化石能源发电，每年避免了 23 亿吨二氧化碳排放，约占全球总二氧化碳排放量的 8%。

综上所述，发展核能对减小温室气体排放十分有利。

3.7.4　核电厂辐射防护

核反应堆是非常强烈的辐射源，其产生的放射性物质包括裂变产物和反应堆结构材料。对核电厂的辐射防护需要考虑两方面的内容，一是正常运行状态的辐射防护，二是发生意外情况下的应急辐射防护措施。

1. 常规运行时的安全措施

如前文所述，为防止裂变产物和放射性物质溢出，核岛设有燃料包壳、一回路压力边界和安全壳三道屏障。辐射屏障在设计上可以完全防止放射性物质的溢出，同时还要进行辐射监测，对核电厂内的放射性物质和射线及周边环境进行全面监测，随时对防护措施进行维修和加强。

2. 事故防护的安全设施

国际原子能机构（IAEA）将发生的核事件分为0～7八个等级，见表3.9。

表3.9　国际核事件分级表

级别	程度	描述	实例
7级	特大事故	指核裂变废物外泄在广大地区，具有广泛的、长期的健康和环境影响	苏联切尔诺贝利核事故（1986年）
6级	严重事故	核裂变产物外泄，需实施全面应急计划	苏联克什姆特的后处理厂事故（1957年）
5级	具有厂外危险的事故	核裂变产物外泄，需实施全面应急计划	美国三里岛核事故（1979年）
4级	发生在设施内的事故	有放射性外泄，工作人员受辐射产生严重健康影响	
3级	重大事件	少量放射性外泄，工作人员受到辐射，产生急性健康效应	西班牙范德略斯核电厂事故（1989年）
2级	事件	不影响动力厂安全，但有潜在的安全影响	
1级	异常	超出许可运行范围的异常事件，无风险，但安全措施功能异常	
0级	安全上无重要意义	偏离	

核电厂在设计时充分考虑了污染泄漏的防止和防护措施，特别是在第三代核电系统中，其安全方面的可靠程度远高于其他能源生产方式。核电厂的安全控制系统一般包含以下几个层次的内容。

（1）快速停堆信号系统。监测反应堆的异常状态，发出警报并提供紧急动作信号（插入控制棒、主蒸汽隔离阀关闭等）。

（2）堆芯危急冷却系统。冷却剂管道破裂或反应堆危急时启动，防止堆芯过热而造成包壳破损和堆芯元件熔化。

（3）紧急停堆系统。控制棒失灵情况下的另一套停堆系统，可快速响应启动。

3. 核电厂放射性“三废”管理

核电厂在运行过程也会产生废气、废液和固体废物，而且很多是有放射性的。放射性废物中的放射性物质，无法采用一般的物理、化学及生物学的方法进行无害化处理，只有通过放射性核素自身的衰变使其放射性衰减到一定的水平，或通过原子反应改变其放射性。许多放射性元素的半衰期十分长，并且衰变产物中还有新的放射性元素，所以放射性废物在处理和处置上有许多特别之处。核电厂放射性“三废”的处理技术分为浓缩储蓄和稀释排放两大类。

（1）放射性废气的处理。经洗涤、衰减过滤之后排入大气。

（2）放射性废水的处理。储存分离，将无害化处理后的液体排放至环境，分离出来的有害物质经固化和浓缩之后投至深海或地下长期储藏。

（3）放射性固体废物的处理和处置。对其中的可燃物煅烧，非可燃物桶装固化处理，之后与可燃物的残余物一起投至深海或地下长期储藏。

3.8　核能应用的发展趋势

人类发展越来越快，对能源的需求量越来越大。这其中，核能无疑是一个很好的选项。现在对核能应用唯一的、也是最严重的问题是核能的安全与防护。随着技术的进步，对核能的安全防护和紧急情况处理技术必将越来越完善，核能的利用总量和范围也将越来越大。全球核能以每年10%的速度发展，而亚洲地区，特别是中国核能的发展更快，备受世界瞩目。但通过日本福岛核事故的教训，全球应该更加谨慎地对待核能的发展，核电站技术以及更多涉及人类健康的核素应用将对人类的发展起到更大的推动作用。

思考练习题

（1）我国核技术的应用有哪些？

（2）简述核反应种类。

（3）核电站系统是由哪些构成的？

（4）核电站应用的核原料主要是什么？与核武器相比有何特点？

（5）核电站的安全防护措施主要有哪些？核发电的废弃物的主要处理方式有哪些？

参 考 文 献

郭永基. 2000. 电力系统新进展. 北京：冶金工业出版社.
侯逸民，黄炳印. 1984. 核能. 北京：能源出版社.
王明华，李在元，代克化. 2014. 新能源导论. 北京：冶金工业出版社.
王玉掸，严清波，袁耿彪. 2011. 应用中核辐射与核安全的探讨. 重庆医学, 40(27): 2788-2790.
张晓东，杜云贵，郑永刚. 2008. 核能及新能源发电技术. 北京：中国电力出版社.

第 4 章 风　　能

4.1 风能资源简述

4.1.1 风与风能

风是一种自然现象，地球表面空气的水平运动称为风。通常采用风速、风频等基本指标对它进行表述。

风能是由太阳辐射能转化来的，是太阳能诸多转化形式中的一种，是可以开发利用的一种可再生能源。它是一种动能，它的大小取决于风速和空气密度，如公式（4-1）所示

$$E = \frac{1}{2}\rho t S v^3 \tag{4-1}$$

式中，ρ 为空气密度，kg/m^2；v 为风速，m/s；t 为时间，s；S 为截面面积，m^2。

由上式可知，具有一定速度的风可被当作一种能量资源开发，可通过特殊手段将其转化为电能。理论上任何速度的风都可利用，但实际中当风速小于 3m/s 时，因能量密度太低而基本没有利用价值；当风速大于 20m/s 时，其对风力发电机破坏性很大，也很难利用。只有风速在一定范围内的风才是有效风能。根据风速将风力分为 17 个等级，见表 4.1 和表 4.2。

表 4.1　风力等级（0～12）

风级	名称	风速		陆地面物像	海面波浪	浪高/m	最高/m
		m/s	km/h				
0	无风	0.0～0.2	<1	静，烟直上	平静	0	0
1	软风	0.3～1.5	1～5	烟示风向	微波峰无飞沫	0.1	0.1
2	轻风	1.6～3.3	6～11	感觉有风	小波峰未破碎	0.2	0.3
3	微风	3.4～5.4	12～19	风旗展开	小波峰顶破裂	0.6	1
4	和风	5.5～7.9	20～28	初起灰尘	小浪白沫波峰	1	1.5
5	劲风	8.0～10.7	29～38	小树摇摆	中浪折沫群峰	2	2.5
6	强风	10.8～13.8	39～49	电线有声	大浪白沫离峰	3	4
7	疾风	13.9～17.1	50～61	步行困难	破峰白沫成条	4	5.5
8	大风	17.2～20.7	62～74	折毁树枝	浪长高有浪花	5.5	7.5

续表

风级	名称	风速		陆地面物像	海面波浪	浪高/m	最高/m
		m/s	km/h				
9	烈风	20.8～24.4	75～88	小损房屋	浪峰倒卷	7	10
10	狂风	24.5～28.4	89～102	拔起大树	海浪翻滚咆哮	9	12.5
11	暴风	28.5～32.6	103～117	损失巨大	波峰全呈飞沫	11.5	16
12	飓风	＞32.6	＞117	摧毁极大	海浪滔天	14	—

表 4.2　风力等级（13～17）

风级	风速/（m/s）	风速/（km/h）
13	37.0～41.4	134～149
14	41.5～46.1	150～166
15	46.2～50.9	167～183
16	51.0～56.0	184～201
17	56.1～61.2	202～220

风能是一类储量巨大的可再生能源，它清洁、安全、无限可再生，受到世界各国的高度重视，发展速度非常之快。风能与其他能源利用方式相比具有很多显著的优点，但也具有很多的局限性。

1. 风能的优点

（1）蕴藏量大、可再生。风能是太阳能转换形式的一种，只要有太阳在，其便是取之不尽、用之不竭的。

（2）无污染。风能转化为其他能量时不产生任何有害气体和废料，不污染环境。

（3）分布广泛、无须运输、成本低廉。风能对于地形地点的依赖较为轻微，哪怕在高山、沙漠等地区，也可随时随地直接取材使用，这样可大幅降低发电成本。

（4）适应性强、发展潜力大。可利用的风力资源的区域占到我国国土面积的76%。

2. 风能的限制性

（1）能量密度低。因为空气的密度很低，所以风能的密度很低，这给其利用带来了很多麻烦。

（2）不稳定。风随时随地都在变化，时有时无、时强时弱，这是风能利用技术必须克服的困难之一。

（3）地区差异大。

4.1.2　我国的风能资源

风能作为一种高效清洁无污染的新能源将逐渐引起人们的重视，已成为致力于可再生能源利用国家面对能源危机的共同选择。经过多年的飞速发展，其已成为我国重要的可再生能源之一，相应的发电技术也随之快速进步。我国地域辽阔、海岸线长，风能资源较为丰富。尤其是西南边疆、沿海和三北（东北、西北、华北）地区都有非常丰富的可利用的风能资源。风能资源的分布具有显著的地域性规律。

中国陆地上10m高度层的风能总储量为32.3亿千瓦，其中可开发的有2.5亿千瓦，而近海风场的可开发风能资源是陆地上的3倍，因此我国可开发的风能资源总量约为10亿千瓦。中国风能分区及占全国面积百分比见表4.3。

表4.3　中国风能分区及占全国面积百分比

指标	丰富区	较丰富区	可利用区	贫乏区
年有效风能密度/（W/m^2）	＞200	150～200	50～150	＜50
年风速≥3m/s的累计小时数/h	＞5000	4000～5000	2000～4000	＜2000
年风速≥6m/s的累计小时数/h	＞2200	1500～2200	350～1500	＜350
占全国面积的百分比/%	8	18	50	24

我国风能最佳区域有：东南沿海、山东半岛、辽东半岛及海上岛屿，内蒙古、甘肃北部，黑龙江南部和吉林东部。风能较佳区域有：西藏高原中北部、东南沿海、三北的南部。

4.2　风力发电发展现状

由于风能的诸多优点，在这一轮的新能源发展进程中，其受到全世界的普遍重视，各国均将其作为电能可持续发展的重要战略选择之一。2014年，中国陆上风电年度新增装机量就达到了21GW！但是风电产业的健康快速发展不仅仅是要求装机总量的增加，还应加强电网基础设施的配套建设以及提高解决技术问题的能力。在风力发电并网过程中，在电网电压跌落时通过风电机组自动脱网来应对的方法只适用于风电装机比例较低的情况；随着风电装机比例的增加，切除风机会产生大面积停电的问题，还会引起电网频率的变化。现在的风电场运行规则要求当电网电压发生轻微跌落时风电机组能够维持不脱网运行，当电网电压跌落幅度较大时风电场还应具有一定的无功补偿能力。我国及全球其他国家均提出了很严格的标准，要求风电机组在电网故障的情况下仍能按照标准规定并网运行一定时间。

近些年来，全球风力发电市场迅速扩展，每年均保持百分之二十以上的增长速率。风力发电的技术成熟度日益提高，经济性也在不断提高。风力发电市场的现状很好，前景也相当可观。1984～1997年风电机组制造技术更加趋于成熟，风电机组的单机容量不断增大，风电产业开始形成较为稳定的商业模式并且大规模发展，1997年至今是风电产业高速发展时期，双馈异步和永磁直驱式变速恒频风电机组发展成为兆瓦级风力发电机组的主流技术。

我国对风力发电的研发使用始于20世纪50年代，到20世纪80年代中期首次引入55kW等级的风电机组，并开始商业应用。在之后的二十多年中，我国风电市场稳步发展，逐渐成熟。据统计，截至2009年，我国的风电装机总量跃居世界第二，累计达到2601万千瓦；而2016年我国风电新增装机量2337万千瓦，累计装机量达到1.69亿千瓦！市场发展潜力仍然巨大。从技术角度看，我国风电企业走过了从单纯引进国外技术，到本土化吸收革新，再到自主创新三个阶段，已经有了较好的技术积累。尤其是兆瓦级机组的普及，更是标志着我国自主研发能力已经进入了全新的阶段。当前，我国本土生产的风电机组已基本占领国内市场，并逐步走入国际市场。但其中一些关键的零部件——主轴等仍需大量进口。后期在这方面需要继续加大研发力量和资金的投入，争取早日突破。

4.3 风力发电的基本原理

4.3.1 风力机的空气动力学特征

1. 风力机叶片的空气动力学基本知识

风力机叶片有许多种类，其中具有代表性的几种断面如图4.1所示。从图中明显可见，这些风力机叶片上流动的空气产生直接影响风力机性能的两种力——升力和阻力。升力作用在流入气流的垂直方向上，阻力作用在气流平行的方向上。

为了产生升力，风力机叶片相对于风向必须保持一定的角度，而且一般情况下为了产生大的升力必须有比较大的角度。连接风力机叶片前缘和后缘的弦线和风向之间的角度，叫做叶片的攻角。升力的大小一般用升力系数 C_e 来表示，其计算公式为式（4-2）。升力系数也可以看作是升力与最大升力的比值

$$C_e = \frac{升力}{空气动压 \times 叶片面积} \tag{4-2}$$

式中，升力代表由风力机叶片产生的实际力（kg）；空气动压是指由作用在叶片上的风产生的动压力（kg/m^2）；叶片面积不是指风轮的迎风面积，而是叶片的面积（m^2）。

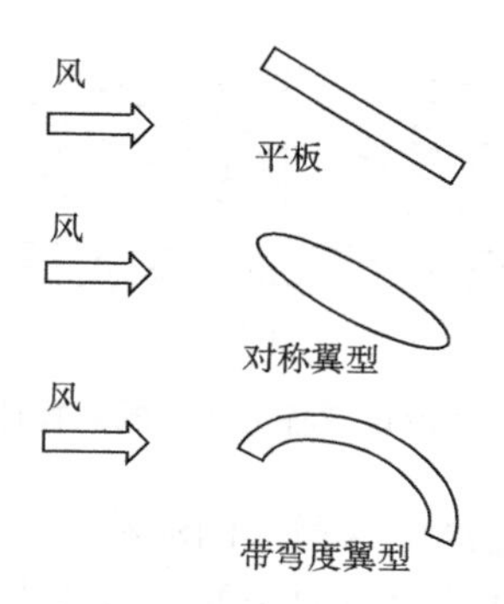

图 4.1　几种代表性的风力机叶片断面示意图

因为空气的动压力依赖于风速，所以风速增大时升力增加。可是对某些特殊翼形，其升力系数并不随风速变化。假如风轮设计成在运转中没有形状变化，则可认为风轮叶片的面积是一定的。在这种情况下，决定风力机输出的叶片升力，应由它的升力系数、风速以及叶片的面积来决定。

风力机的迎风面积比风力机叶片面积对输出功率的影响更大。叶片面积的影响仅反映在：叶片面积小的风力机一定要比叶片面积大的风力机转速高才能产生必要的输出功率。例如，多翼式风力提水机，因为通常叶片的面积很大，所以低转速也能保证必要的功率输出。

叶片处于某个攻角时升力最大，超过这个角度则外力急剧降低，这种现象称为叶片的失速。这时叶片表面上流动的气流发生分离，使叶片处于不增加升力的状态，但此时阻力却依然存在。

2. 风力机叶片的阻力和升力

图 4.2 所示为空气流过三种形状不同的物体的情形。（a）是个圆形板；（b）是个流线型物体。此二物体垂直于气流方向的横截面面积相等为 A_0；（c）为某个风力机叶片的横截面（称为翼形）。当风吹向圆形板时，在圆形板前压力增大，而圆形板后的压力减少，这个压力差构成了气流对圆形板的作用力 F。在同样条件下，气流对流线型物体的作用力 F，要比前者小得多（仅为 1/25），流线型物体所受的作用力主要来自气流与它的摩擦。

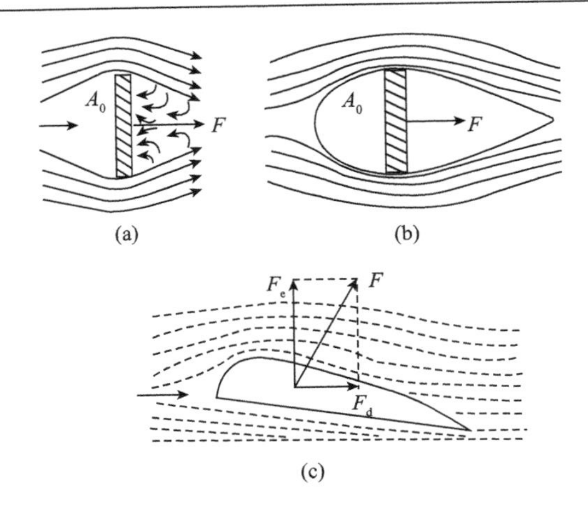

图 4.2　空气流过三种形状不同的物体的情形

图 4.2（c）所示为气流流经叶片截面的流线分布。叶片上面的气流速度增高导致气压降低，而叶片下面几乎保持原来的气流压力甚至增高，导致叶片受到了向上的力场作用。此力可分解成与气流方向平行的阻力 F_d 和与气流方向垂直的升力 F_e。而对叶片上下气流是对称的情况，则只有阻力，没有升力。

3. 阻力和升力的计算公式

对于图 4.2 中的（a）和（b）两种情况，其阻力的大小可按式（4-3）计算

$$F_d = C_d A_0 \frac{\rho v^2}{2} \tag{4-3}$$

式中，F_d 为阻力，其方向与气流方向相同；A_0 为物体表面在垂直于气流方向平面上的投影面积；ρ 为空气的密度；C_d 为阻力系数。

气流流经物体时产生的涡流越大，则阻力也越大。图 4.2（c）中气流对叶片的作用力的计算如公式（4-4）

$$F = \frac{1}{2}\rho C_r A v^2 \tag{4-4}$$

式中，ρ 为空气的密度；A 为面积，指叶片接收气流作用面的面积，若叶片从叶根到叶尖的宽度不变，则为弦长与叶片长度的乘积；C_r 为桨叶总的空气动力系数。

叶片的升力与阻力的计算公式如式（4-5）和式（4-6）

$$F_e = \frac{1}{2}\rho C_e A v^2 \tag{4-5}$$

$$F_d = \frac{1}{2}\rho C_d A v^2 \tag{4-6}$$

式中的升力系数 C_e 和阻力系数 C_d 均由实验测试求得。由于 F_e 与 F_d 相互垂直，所

以

$$F_e^2 + F_d^2 = F^2 \tag{4-7}$$

并且

$$C_e^2 + C_d^2 = C_r^2 \tag{4-8}$$

4.3.2　风力机的工作原理

风力机的基本功能是利用风轮将接收的风能转变为机械能，然后再将其输送出去。其基本工作原理是利用空气流经过风轮叶片产生的升力或阻力，推动叶片旋转从而实现风能和机械能的转变。

风力机的种类有很多，主要有水平轴和垂直轴两大类，且水平轴升力型应用得最为广泛。

下边将主要介绍水平轴升力型和垂直轴阻力型风力机的基本工作原理。

1. 升力型风力机的工作原理

图 4.3 所示为水平轴风力机的机头部分，其风轮一般由两个螺旋桨式的叶片组成。当风从左方吹过来时，会对叶片有升力 F_e 和阻力 F_d 两种作用力。其中升力的作用是推动叶轮旋转，阻力是风对风轮的压力，由风力机的塔架承受。

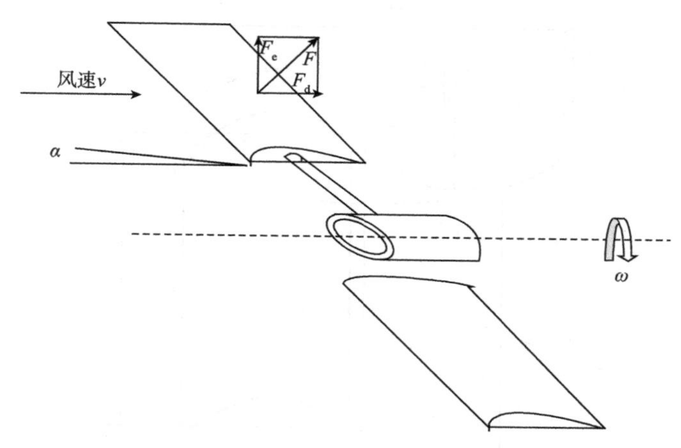

图 4.3　风力转换成叶片的升力和阻力

现代风力发电机的叶片是螺旋桨形状的，因为这样才能尽可能多地将风的动能转变为叶轮转动的机械能。风以 v 的速度吹向风轮旋转平面，风轮以 ω 角速度旋转，则风相对翼型的风速为

$$v_r = \omega r + v \tag{4-9}$$

只有当相对风速 v 与翼型的弦的夹角 α 是最佳攻角值时，升力系数最大，为 C_{max}（α 为 12°～14°），此时能量的转化效率才最高。然而，叶片各截面的旋转半径 r 不同，这导致各截面的相对风速 v 也不同，甚至导致在某些截面上的升力系数为负值。而把叶片制成沿叶片长度方向做成一定角度扭曲的螺旋状，让整个叶片由根部到尖部的攻角均在最佳值附近，使风力尽可能多地转换成叶片的升力。这一升力经由叶柄推动风轮轴转动，以机械能的形式传送出去。

2. 阻力型风力机的工作原理

图 4.4 所示为垂直轴式阻力型风力机的分型叶片风轮示意图，它主要由三个曲面叶片组成。当风吹向风轮叶片时产生阻力，驱动风轮做逆时针方向旋转（顶视）。在图 4.4 所示结构中，作用在叶片凹下的面上的阻力驱动风轮旋转，作用在叶片凸起面上的力阻碍风轮转动，每个叶片上的阻力值可按下式计算：

$$F_d = \frac{1}{2}\rho(v \pm u)^2 A_v C_d \tag{4-10}$$

式中，ρ 为空气密度；v 为风速；u 为叶片线速度，取半径方向线速度的平均数；A_v 为叶片的最大投影面积（宽度×高度）；C_d 为叶片阻力系数，对于由两个曲面叶片组成的风轮，叶片凹下面的 C_d 值可取为1.0；叶片凸起面的 C_d 值为0.12～0.25。

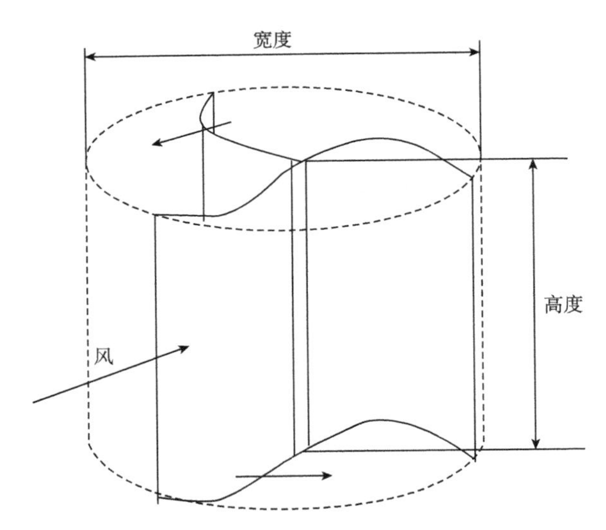

图 4.4　垂直轴式阻力型风力机的分型叶片风轮

在计算时式（4-10）中“±”号的选取原则为：对风凹下的叶片（右面）取“−”；对风凸起的叶片（左面）取“+”。

这种垂直轴阻力型风力机，叶片凹下面产生的阻力大于叶片凸起面产生的阻力，所以风轮会按逆时针方向旋转。当然，若把吹向风轮凸起面的风挡住，肯定更有助于风轮的转动。

4.4 风力-电力系统的实际设计

风力所发出的电力的使用目的可有很多种，例如，给住宅供电，给牲畜棚供暖等。针对不同的用途，应该如何设计风力-电力系统呢？

风力-电力系统的设计中要做出的第一个选择是选择交流电系统还是直流电系统。然后，一个合理的设计和计划至少应该考虑以下几个重要因素：

（1）负载的属性和使用的时间；

（2）风车的额定功率；

（3）成本和能否实现方面的限制。

其中最重要的是负载的属性和使用时间情况。对于普通小型居民住宅系统，对电功率和能量的需求取决于系统中所有的电器以及使用状况。要确定这种需求量，必须检查所有的用电设备并监测或估计它们的使用状况，尽可能确定每个电器用具所消耗的功率——即它的额定功率。这个额定功率通常以瓦特或者马力①为单位标注在电器用具的标牌上。如果没有标牌则要通过其他方式获得。

如果是设计一个低成本的系统，那么就必须对该系统上的负载使用时间状况有一定估计。若用户端多个电器的总耗电功率 3500W，那么就需要发电系统为外电路提供约 3500W 的电功率。例如，在我国，与 220V 的公用电网连接，这个功率相当于 16A 的供电电流（W=V×A），很小。但如果是在一个供电电压为 12V 的风能-电力系统中，则需要约 300A 的电流，很大。此外，如电冰箱、冷冻机这类电器用具在起动时的几秒钟内其瞬时功率约为额定值的 5 倍；这种瞬时冲击对于能量需求总值并无多大的影响，但是对于蓄电池、变换器或者系统中的其他元器件则会造成很明显的额外负担。

实际上，我国的电器用具都使用 220V 的交流电，电网的频率是 50Hz，且只允许微小的变化波动。如果住宅中使用的都是此类电器，那么就应该使用下面讲述的交流负载系统中的一种。如果所用负载并不直接与电网输电线连接，则虽然选用某种交流系统，但并不一定必须是 50Hz 的交流。通常对于这种不连接到电网上的负载，可采用直流储能装置加上逆变器的方法供电。

如果家用电器在与风力发电系统连接的同时也与电网连接，那么就可以把电网电力作为后备能源。使风力发电与电网的频率同步，风力发电系统就可以与电网系统平行工作。例如，风力发的电足够，那么家用电器所需的电力就可以完全

① 1 马力=745.7 瓦。

依靠风力提供，否则，利用电网电力作为补充。

遥测电子设备、电信设备、环境监测器和林火定位仪器等均需要持续大量地供电，但又很难与电网连接。因为这些系统躲在偏远地区或远离人口密集区。这样系统是很适合采用风力发电供电的。

遥测电子设备使用的风力系统和为家庭供电的类似系统的主要差别在于负载的性质不同，从而对风电系统的可靠性提出了不同的要求。为遥测设备供电设计的风车必须高度可靠，要具有长时间独立稳定的供电能力。我们可以预期一个家用风力系统的主人在暴风雨来临时可以人为地关停掉他的发电机，但是迎着暴风雨到森林中或高山上去操作安装在那里的风车，则是非常困难的事。虽然在上述两种系统中均可配备完全自动化控制的系统，但从性价比的角度考量，家用风电系统一般不采用这种高端控制系统。

直流风电储能一体化系统可以在很大程度上自由组合。比如说将储能电压设计为 12V，采用两个 6V 的蓄电池串联；或者设计为 6V，采用两个 6V 的蓄电池并联。如果风能的发电量与用电量一致，则可采用风电机直接供电，如果发电量有盈余，则给蓄电池充电；如果发电量不足，则由蓄电池补充。但给蓄电池充电或从中放电均会损失一部分能量。

带蓄电池的风电系统需要配备监视系统电压的电路，其目的是防止蓄电池过充而损害蓄电池。假定蓄电池已经充足电，此时蓄电池的电压会超过某个临界值。此时风电机仍发电且系统负载用不完这些电能，负载监测器就可以感测到这个状态。检测器就会断开蓄电池，用一个新的负载来消耗风电机发的电。当蓄电池电压低于某个临界值时，如果风电机有富余电量，则监控系统就又会接通蓄电池，开始充电。

最后，使用地区有长期持续的无风期，系统则需要配备一个备用发电机，小型系统一般为柴油发电机。当电路中的电压非常低时，就说明蓄电池的电快要放光了。监视器检测到这一状态时，就会启动发电机或者使警铃发声来告诉用户应该启动发电机了。如果要经常开启发电机，则一定要设计一个自动控制装置。

除了在发电与电能储存过程中发生的损耗外，输电过程中的损耗控制也十分重要。所以要使每条导线尽可能短且无质量问题，线路结构要简洁，电接头的接触要良好。导线线径也很关键，过细会造成输电损耗很大，过大则会造成原材料浪费。

对于风力-电力系统，目前仍有很多可改进空间，尤其是在负载管理方面。在考察所用负载的特性过程中会发现某些负载会倾向于同时使用，比如说夏季中午的空调或者工厂的供电。通过巧妙的“削平高峰”措施，可以使负载合理分散，降低加到风力系统上的高峰负载功率（或者在使用电网供电时，降低加到电网上的高峰负载），其实这并不意味着会明显地节省能量。如果在烤箱工作的时候可以把电冰箱电源拔掉，再把插销插上，电冰箱就会将刚才所谓的“损失”捞回来。然而这样做蓄电池寿命会长些，并且在一件件地检查用电负载并将其中一些关停的过程中，也许会发现一些值得改进的地方。

4.5　几类风力发电系统的构成和运行分析

4.5.1　独立运行的风力发电系统

1. 直流系统

图 4.5 为一个独立运行的直流风力发电系统示意图。由风力驱动的小型直流发电机、蓄电池组和电阻性负载（L，如照明灯等）构成。图中 J 为逆流继电器控制的动断触点。当风力较小，风力机转速降低从而导致直流发电机的电压低于蓄电池组电压时，逆流继电器会断开动断触点 J，使蓄电池不能向发电机反向供电。如若不然，蓄电池会向发电机反向送电，破坏系统的正常工作。

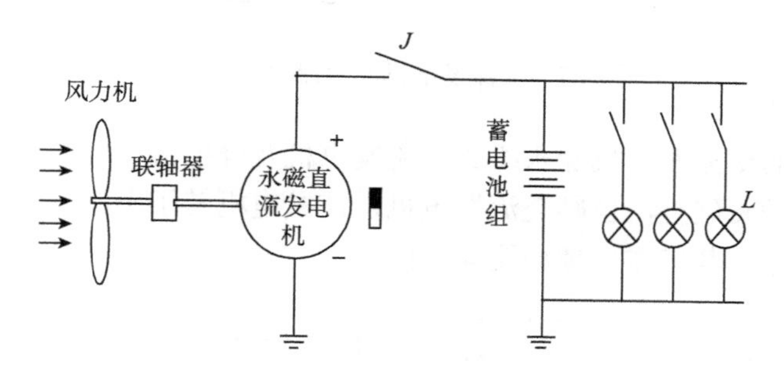

图 4.5　独立运行的直流风力发电系统

在该系统中蓄电池组容量的选择至关重要，是保证在无风期能对负载持续供电的关键因素。一般来说，应按 10h 稳定输出来核算蓄电池的容量。蓄电池容量的选择与风力发电机的容量和电压等指标、系统的日负载状况以及安装地区的风况等有关；同时还应保证合理地使用蓄电池，延长蓄电池的使用寿命。

2. 交流系统

图 4.6 为一个交流风力发电机组经整流器组整流后向蓄电池充电及向直流负载供电的系统。若在蓄电池的输出端接上逆变器，则可向交流负载供电，如图 4.7 所示。

图 4.7 中的逆变器可以是单相或三相逆变器，对逆变器输出的交流电的波形可为正弦波形或方波，视负载需要而定。

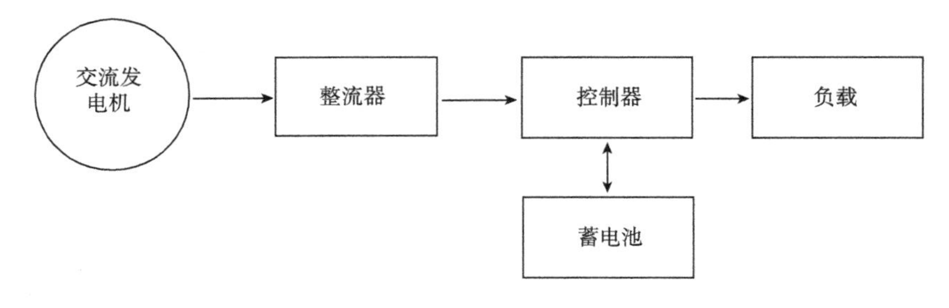

图 4.6　交流发电机向直流负载供电

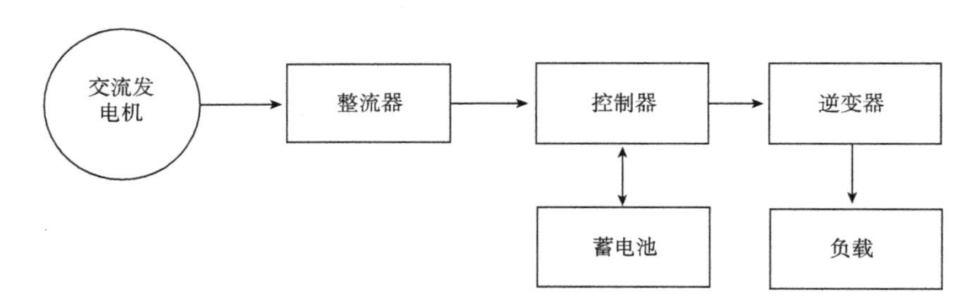

图 4.7　交流发电机向交流负载供电

图 4.7 中的交流发电机除永磁式交流发电机及硅整流自励交流发电机外，还可以采用无刷励磁硅整流自励交流发电机，该发电机转子上没有滑环，因此工作时更加稳定可靠，其工作原理如图 4.8 所示。

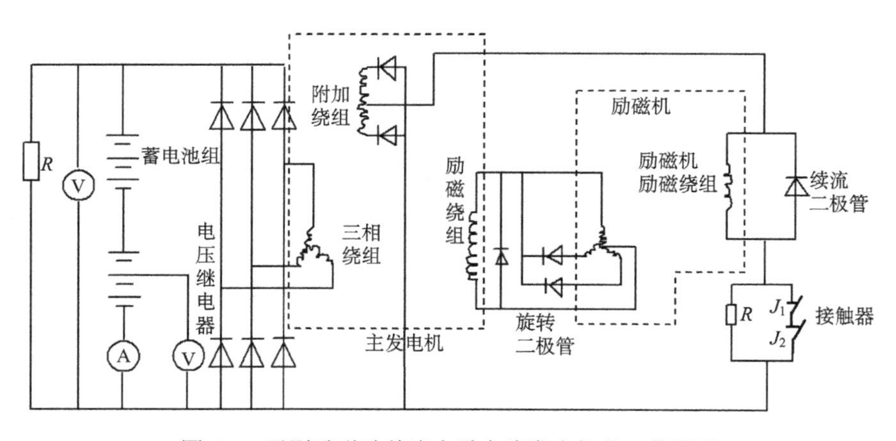

图 4.8　无刷励磁硅整流自励交流发电机的工作原理

无刷励磁硅整流自励交流发电机在结构上由两部分构成：主发电机和励磁机。主发电机内包括定子三相绕组、转子励磁绕组和附加绕组。励磁机是转枢式的，也就是励磁机的三相绕组与主发电机的励磁绕组在主发电机的同一转轴上，同时通过联轴器及齿轮箱与风力机转轴连接；励磁机的励磁绕组是静止的。

为了保证负载电压及电流数值低于其额定值，在主发电机的主回路中装设电压及电流继电器，分别控制接触器动断触点 J_1 及 J_2（图4.8）。当风速增大导致主发电机输出电压高于额定值时，电压继电器动作，J_1 触点打开，则励磁机的励磁电流将流经电阻 R，电流减小，并导致主发电机励磁电流减小，导致主发电机输出电压下降；当风速下降导致主发电机电压降低到一定临界值时，电压继电器复位，J_1 触点恢复闭合，发电机输出电压又升高，如此不断调节，便能保持主发电机的输出电压维持在额定值附近。当主发电机电流超过额定值时，电流继电器动作、J_2 触点打开，电阻 R 被串入励磁机的励磁绕组电路中，励磁电流下降，进而导致主发电机的输出电压下降，迫使输出电流也下降。

4.5.2　并网运行的风力发电系统

1. 风力机驱动双速异步发电机与电网并联运行

1）双速异步发电机

对于并网运行的风力发电系统，通常采用异步发电机。风能的大小存在很大的随机性，风速经常变化，驱动异步发电机的风力机不可能一直在额定风速下运转。通常全年60%～70%的时间内风力机是在低于额定风速的条件下运行的。为了充分利用低风速时的风能，广泛采用双速异步发电机来增加全年的发电量。

双速异步发电机是具有低同步转速及高同步转速的电机。异步电机的同步转速与异步电机定于绕组的极对数及所并联电网的频率有下列关系：

$$n_s = \frac{60f}{\rho} \tag{4-11}$$

式中，n_s 表示异步电机的同步转速，r/min；ρ 表示异步电机定子绕组的极对数；f 表示电网的频率。

因此并网运行的异步电机的同步转速与电机的极对数成反比。只要改变异步电机定子绕组的极对数就能得到不同的同步转速。可以用下述三种方法来改变电机定子绕组的极对数：

（1）第一种是单绕组的双速电机。即在一台电机的定子上仅安置一套绕组，但靠改变绕组的连接方式获得不同的极对数。

（2）第二种是双绕组的双速电机。即在一台电机的定子上放置两套极对数不同的相互独立的绕组。

（3）第三种是直接采用两台定子绕组极对数不同的异步电机。一台为低同步转速的，一台为高同步转速的。

鼠笼式是双速异步发电机转子常用的方式，因为其可自动适应定子绕组极对数的变化。双速异步发电机在低速运转时滑差损耗小，效率较单速异步发电机高，实际发电量高。全球由定桨距失速叶片风力机驱动的双速异步发电机皆采用 4/6 极变极。

2）双速异步发电机的并网

双速异步发电机与前文所述的单速异步发电机一样，通过晶闸管软并网的方法来限制启动并网时的冲击电流，同时也在低速与高速绕组相互切换过程中限制瞬变电流。

双速异步发电机的并网程序如下：

（1）当风速达到启动风速（一般为 3.0～4.0m/s）且维持 5～10min 时，控制系统发出启动信号，风力机开始启动。此时发电机被切换到小容量低速绕组（如 6 极，1000r/min）。当异步发电机达到预先设定的启动电流且转速达到同步转速时，将其接入电网，进入低功率发电状态。

（2）若 1min 内的平均风速远超过启动风速，如 4.5m/s，则发电机在风力机启动后将被切换到大容量高速绕组（如 4 极，1500r/min）；当发电机达到启动电流值且转速接近同步转速时，异步发电机将直接进入高功率发电状态。

3）双速异步发电机的运行控制

（1）小容量向大容量的切换，即发电机低速向高速的切换。当小容量发电机的输出在一定时间内（如 5min）平均值达到某一设定值（如小容量电机额定功率的 75%左右），将自动切换到大容量电机。为此，发电机首先要从电网中脱离出来，然后风力机转速升高；当转速接近同步转速且达到设定的启动电流值时，发电机通过晶闸管并入电网。此过程中的电流值应根据风电场所连接的变电所所允许的最大电流来确定。

（2）大容量向小容量的切换。当双速异步发电机在大容量电机模式下运行且输出功率在一定时间内（如 5min）的平均值下降到小容量电机额定功率的 50%以下时，其将自动切换到小容量电机模式下运行。需要注意的是在这个模式切换过程中，虽然风速的降低已经使得风力机的转速逐渐变慢，但由于小容量电机的同步转速较大容量电机的低，异步发电机将处于超同步转速状态。需使得小容量电机在切入（并网）时所限定的电流值小于其在最大转矩下相对应的电流值，否则异步发电机会因为超速保护动作而不能切入。

2. 风力机驱动滑差可调的绕线式异步发电机与电网并联运行

1）基本工作原理

异步发电机是现在风电场并网运行发电机的主流选择。其在额定输出功率下的滑差率数值是恒定的，2%～5%。风力发电机组的设计都是在其输出额定功率时使风力机的风能利用系数（C_p 值）达到最优。

当来流风速超过额定风速上限时，必须要通过一些特殊的手段来限制风力机接收的能量以维持风力发电机的输出功率不超过额定值，保证风力发电机组能在不同风速下维持同一转速。一般来说有通过风轮叶片失速效应（即定桨距风轮叶片的失速控制）或是调节风力机叶片的桨距（即变桨距风轮叶片的桨距调节）两种方式。风力机的风能利用系数（C_p值）与风力机运行时的叶尖速比（TSR）有关（图4.9）。很明显，在这种控制情况下C_p值将会降低，导致风电机组的效率降低。为了提高风电机组的效率，有公司发明了滑差可调的绕线式异步发电机。这种发电机可以在一定的风速范围内以变化的转速运转。其相比于前面两种方式，减缓了风速变化导致的功率波动，改善了输出电能质量，提高了风电机组运行的可靠性并可延长使用寿命。

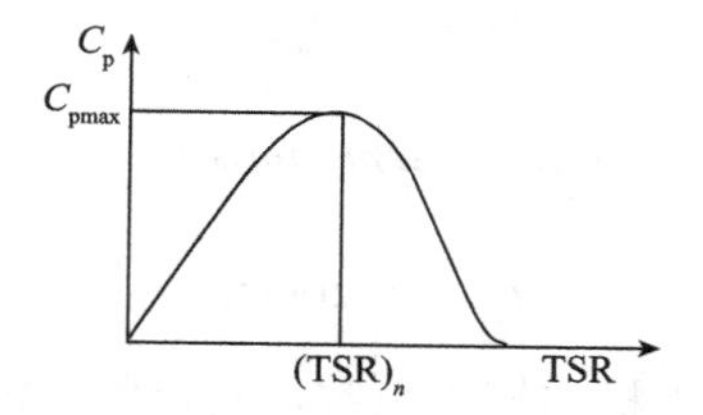

图4.9 风能利用系数（C_p值）与叶尖速比（TSR）的关系曲线

由异步发电机的原理可知，如不考虑其定子绕组电阻损耗及附加损耗，异步发电机的输出电功率P基本上等于其电磁功率，即

$$P \approx P_{em} = M\Omega_1 \tag{4-12}$$

式中，P_{em}为电磁功率；M为发电机的电磁转矩；Ω_1为旋转磁场的同步旋转角速度，

$$\Omega_1 = \frac{2\pi f_1}{p} \tag{4-13}$$

$$M = \frac{m_1 p U_1^2 \frac{r_2'}{S}}{2\pi f_1 \left[\left(r_1 + c_1 \frac{r_2'}{S}\right)^2 + \left(x_1 + c_1 x_2'\right)^2\right]} \tag{4-14}$$

p为异步发电机定子及转子的极对数，m_1表示电机的相数，U_1为定子绕组的相电压，r_1及x_1为定子绕组的电阻及漏抗，r_2'及x_2'为转子绕组折合后的电阻及漏抗，f_1为电网的频率，

$$S = \frac{n_s - n}{n_s} \times 100\% \tag{4-15}$$

式中，n_s 为发电机的同步转速；n 为发电机的转速。

在电网电压及频率恒定不变的情况下，异步发电机并入电网后，在输出额定电功率时其滑差率应为负值，即异步发电机的转速应高于同步转速（$n>n_1$），而电磁转矩 M 为制动性质的。现设异步发电机在转速为 n_α，滑差率为 S_α，电磁转矩为 M_N 时发出额定功率。当风速变化时，例如，风速增大，风力机及发电机的转速也随之增大，则异步发电机的滑差率 S 的绝对值$|S|$将增大，此时只要增加绕线转子内串入电阻 r_2，并维持 $r_2'/|S|$ 的数值不变，则由式（4-14）可知，异步发电机的电磁转矩 M 就保持不变，发电机输出的电功率 P 也维持不变，此时异步发电机的转速已由 $n_a=(1+|S_a|)n_s$ 变为 $n_b=(1+|S_b|)n_s$，而滑差则由 S_a 变为 S_b。

从异步电机的基本理论可知，异步电机的电磁转矩 M 也可表示为

$$M=C_M\Phi_m I_{2a} \tag{4-16}$$

$$C_M=\frac{1}{\sqrt{2}}m_2 p\omega_2 kw_2 \tag{4-17}$$

$$I_{2a}=I_2\cos\varphi_2 \tag{4-18}$$

式中，C_M 为绕线转子异步电机的转矩系数，对已制成的电机为一常数；Φ_m 为电机气隙中基波磁场每极磁通量。在定子绕组相电压不变的情况下，Φ_m 为常数；I_{2a} 为转子电流的有功分量。

从式（4-16）可知，只要能保持 I_{2a} 不变，则电磁转矩 M 不变。可见当风速变化，异步发电机的转速变化时，改变异步发电机绕线转子串入电阻 r_2，使转子电流的有功分量 I_{2a} 不变，即能实现维持 $r_2'/|S|$ 为常数，从而达到发电机输出功率不变的目的。在这种允许滑差率有较大变化的异步发电机中，通过由电力电子器件组成的控制系统调整绕线转子回路中的串接电阻值来维持转子电流不变，所以又称为转子电流控制（rotor current control）异步发电机，简称 RCC 异步发电机。

2）滑差可调的异步发电机的结构

滑差可调异步发电机的结构布置原理如图 4.10 所示，主要包括绕线式转子的异步电机、绕线转子外接电阻、转子电流控制器及转速和功率控制单元，与串电阻调速的绕线式异步电动机相似。

3）滑差可调的异步发电机的功率调节

在风力发电系统中，如主要依靠变桨距来调整发电机输出功率，在风速变化频繁时导致发电机输出功率大幅度波动，且滞后现象对电网造成严重的不良影响。因此单纯靠变桨距来调节风力机的功率输出，并不能实现发电机输出功率的稳定。利用具有转子电流控制器的滑差可调异步电机与变桨距风力机配合，协同调节发电机输出功率，则能实现发电机电功率的稳定输出。

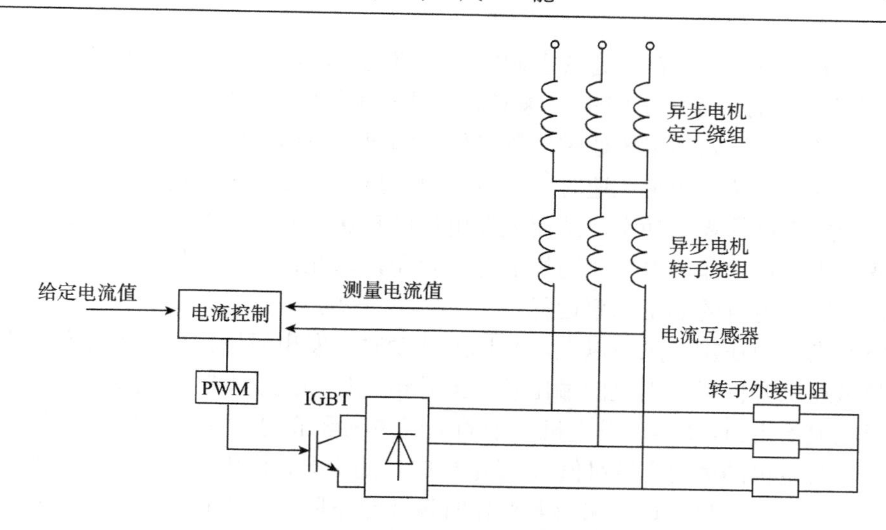

图 4.10　滑差可调异步发电机的结构布置原理

具有转子电流控制器的滑差可调异步发电机与变桨距风力机配合时的控制原理如图 4.11 所示，变桨距风力机-滑差可调异步发电机的启动并网及并网后的运行状况如下。

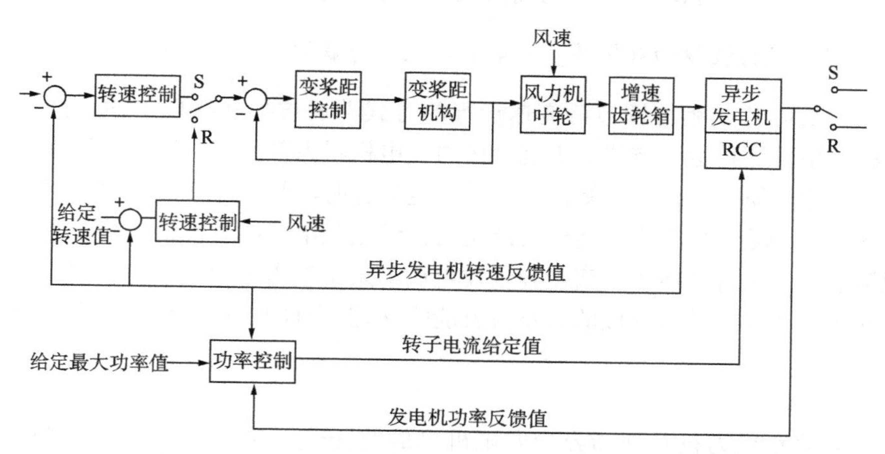

图 4.11　变桨距风力机-滑差可调异步发电机控制原理框图

（1）图 4.11 中 S 代表机组启动并网前的控制方式，采用转速反馈控制。风电机在风速达到启动风速时启动，然后随着转速升高，叶片桨距角连续变化，当转速达到同步转速时，发电机并入电网。

（2）图 4.11 中 R 代表发电机并网后的控制方式，即功率控制方式。当发动机在并网状态时，其转速受电网频率的牵制，转速的变化表现在电机的滑差率上。

风速低，滑差率较小。在风速低于额定风速情况下，可较方便地将滑差调到最小1%（即发电机的转速大于同步转速 1%），以最有效地吸收风能。

（3）当风速达到额定风速时，发电机的输出功率达到额定值。

（4）当风速超过额定风速时，随着风速的持续增加，风力机轴上的机械功率输出大于发电机的输出功率，从而使发电机的转速上升；反馈到转速控制环节，将使变桨距机构动作，改变风力机的叶片攻角，以此保证发电机为额定输出功率稳定，维持发电机的额定功率运行。

（5）当风速在额定风速以上，且迅速波动时，发电机输出功率的控制状况如下：当风速上升使得发电机的输出功率上升至超过额定功率时，功率控制单元改变转子电流给定值，使异步发电机转子的电流控制环节调节发电机转子回路电阻，增大异步发电机的滑差（绝对值），发电机的转速上升。但由于风力机变桨距机构的滞后效应，叶片攻角还未来得及变化时风速已下降，发电机的输出功率也随之下降，则功率控制单元又将改变转子电流给定值，使异步发电机转子的电流控制环节调节转子回路电阻值，减小发电机的滑差（绝对值）使异步发电机的转速下降。所以，在异步发电机转速快速上升或下降的过程中，发电机转子的电流将基本保持不变，发电机输出功率也将维持恒定。因此在短时的风速变化时，借助转子电流控制环节的调节作用即可维持发电机的输出功率恒定，不对电网造成扰动。

3. 变速风力机驱动双馈异步发电机与电网并联运行

风力机叶片桨距可调节可变速运行的方式普遍被兆瓦级以上的并网风力发电机组采用，这种运行方式利于优化风力发电机组内部件的机械负载情况并提高系统内的电网质量。众所周知，风力机变速运行时，与其连接的发电机也变速运行，这导致必须采用在变速运转时能发出恒频恒压电能的发电机，才能与电网很好地连接。采用绕线转子的双馈异步发电机与采用电力电子技术的 IGBT 变频器及 PWM 控制技术结合形成的新系统就能实现这一目的，该系统称之为变速恒频发电系统。

1）系统组成

由变桨距风力机及双馈异步发电机组成的变速恒频发电系统与电网的连接情况如图 4.12 所示。当风速变化时，系统工作情况如下。

风速降低时，风力机转速和异步发电机转子转速均降低，转子绕组电流产生的旋转磁场转速略低于异步电机的同步转速 n_s，定子绕组感应电动势的频率 f 低于 f_1（50Hz），此时转速测量装置立即将转速降低的信息反馈给转子电流频率的控制电路，使转子电流的频率增高，则转子旋转磁场的转速又回升到同步转速 n_s，这样定于绕组感应电势的频率 f 也恢复到额定频率 f_1（50Hz）。

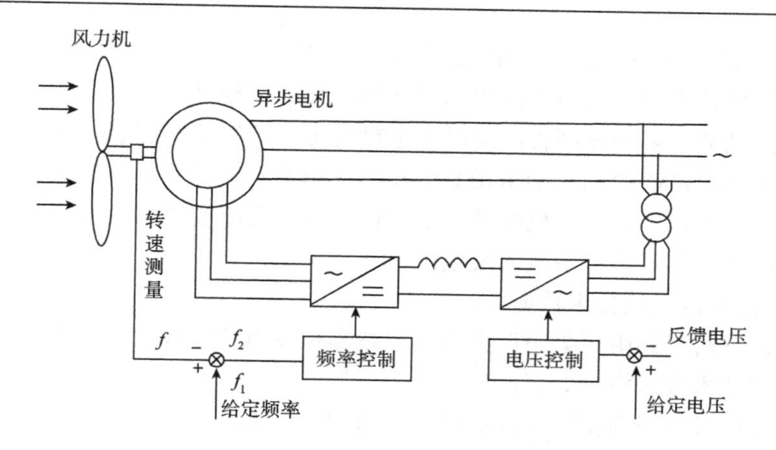

图 4.12　变浆距风力机-双馈异步发电机系统与电网连接的图

同理，当风速增高时，风力机及异步电机转子转速升高，导致定子绕组的感应电动势的频率高于同步转速所对应的频率（50Hz），转速和频率升高的信息将迅速被反馈到转子电流频率的控制电路，使得转子电流的频率降低，从而使转子旋转磁场的转速回降至同步转速 n_s，定子绕组的感应电动势频率重新回到 50Hz。必须注意，在超同步运行情况下转子旋转磁场的转向应与转子的转向相反，因此超同步运行时转子绕组需要具有自动变换相序的功能，以使转子向旋转磁场的旋转方向倒向。

当异步电机转子转速达到同步转速时转子电流的频率应为零，即转子电流为直流电流，这与普通同步发电机转子励磁绕组内通入直流电是相同的，即在这种情况下双馈异步发电机工作情况和普通同步发电机一样。

如图 4.12 所示，双馈异步发电机输出端电压的控制是靠改变发电机转子电流值实现的。当发电机的负载增加时，发电机输出端电压降低，此信息由电压检测装置获得，并反馈到控制转子电流值的电路中，也即通过控制三相半控或全控整流桥的晶闸管导通角使之增大，从而增加发电机转子电流并增高定子绕组的感应电动势，使得电机输出端电压恢复到额定电压。反之，当发电机负载减小时，发电机输出端电压升高，半控或全控整流桥的晶闸管导通角减小，最终使得定子绕组输出端电压降回至额定电压。

2）变频器及控制方式

在由双馈异步发电机组成的变速恒频风力发电系统中，异步发电机转子回路中可以采用多种循环交流器作为变频器。

（1）采用交-直-交电压型强迫换流变频器。采用此种变频器可实现由亚同步运行到超同步运行的平稳过渡，扩大了风力机变速运行的范围，还可实现功率因数的调节。但由于转子电流为方波，所以会在电机内会产生低次谐波转矩。

（2）采用交-交变频器。采用交-交变频器可以省去交-直-交变频器中的直流环节。该变频器仍可实现由亚同步到超同步运行的平稳过渡和实现功率因数的调节。其缺点是需较多的晶闸管，同时在电机内也会产生低次谐波转矩。

（3）采用 PWM 控制基于 IGBT 组成的变频器。采用该新型变频器可以获得正弦形转子电流，不会在电机内产生低次谐波转矩且能实现功率因数的调节，多用于兆瓦级以上的双馈异步风力发电机。

3）兆瓦级机组的技术数据

国外开发研制的由变桨距风力机及双馈异步发电机组成的中、大型变速恒频发电系统的技术数据举例如下：

异步发电机滑差率变化范围：±25%（最大±35%）；

异步发电机功率因数调节：0.95（领先）～0.95（滞后）；

异步发电机输出有功功率：300～3000kW；

额定功率 1.5MW，4 极（同步转速 1500r/min）。双馈异步发电机运行数据见表 4.4。

表 4.4　1.5MW 双馈异步发电机运行数据表

异步发电机转速 n/(r/min)	1125	1500	1725	1875
滑差率 S/%	25	0	–15	–25
发电机功率输出 P/P_N×100%	33%	85%	100%	100%
发电机功率输出 P/MW	0.5	1.2	1.5	1.5
发电机最大功率输出（10s）百分比 P/P_N×100%=115%				

4）系统的优越性

（1）这种变速恒频发电系统有能力控制异步发电机的滑差在恰当的数值范围内变化，因此可以部分替代风力机叶片的桨距调节，这对桨距调节机构是有利的。

（2）能降低风力发电机组运转时的噪声。

（3）可以降低机组的转矩起伏幅度，从而减小所有部件的机械应力，这对减轻部件质量或研制大型风力发电机组十分有利。

（4）风力机是变速运行的，其运行速度可在一个较宽的范围内被调节到风力机的最优化效率数值，优化了风力机的 C_P 值，从而可获得高系统效率。

（5）可以实现发电机低起伏的平滑的电功率输出、对于提高系统内的电网质量有利，并可减小发电机温度变化幅度。

（6）与电网连接简单，并可实现功率因数的调节。

（7）可实现独立（不与电网连接）运行，相同的独立运行机组之间可实现并联运行。

（8）其变频器容量取决于发电机变速运行时的最大滑差率。一般电机的最大滑差率为±（25%～35%），则变频器的最大容量仅为发电机额定容量的1/4～1/3。

4. 风力机直接驱动低速交流发电机经变频器与电网连接运行

这种并网运行风力发电系统的特点是无齿轮箱的直接驱动，如图4.13所示。其低速交流发电机的转子极数比普通交流同步发电机的极数多很多，这导致这种电机的转子外径及定子内径尺寸必须增大，而其轴向长度则相对很短。转子整体呈圆环状。为了简化电机的结构，减小发电机的体积和重量，适于永磁体励磁。这种系统中多采用IGBT逆变器。因为它工作速度快、驱动功率小，又兼有大功率晶体管的电流能力大、导通压降低的优点。

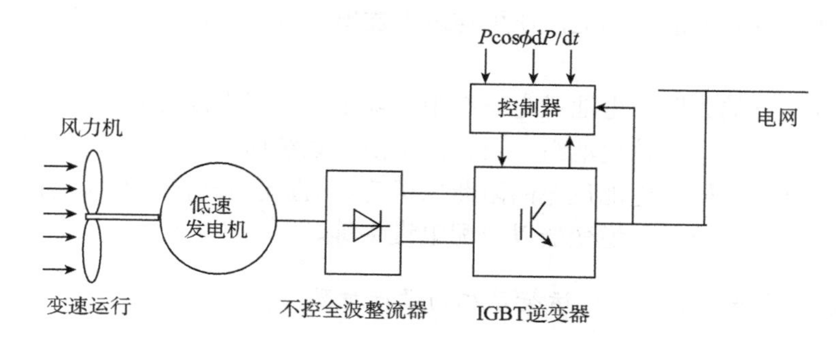

图4.13 无齿轮箱直接驱动型风力发电系统与电网连接图

无齿轮箱直接驱动型风力发电系统相比于有齿轮箱系统的主要优点如下：

（1）机组水平轴向的长度大大减小，电能生产的机械传动路径短；避免了因齿轮箱旋转而产生的损耗、噪声以及材料的磨损甚至漏油等问题，使机组的工作寿命增加。

（2）避免了齿轮箱部件的维修及更换，不需要齿轮箱润滑油以及对油温的监控。

（3）发电机表面积大，散热性能好，可以降低发电机运行时的温度，减小发电机温升的起伏。

4.5.3 风力-太阳能发电联合运行

1. 中国的太阳能资源

中国地域辽阔，地理位置南北方向自北纬4°至52°多，东西方向自东经73°至135°多，太阳能资源十分丰富。据估算，中国陆地每年的太阳辐射能约为50×10^{18}kJ。根据各地全年日照时数及每年每平方米面积上接收的太阳辐射能的多少，可将全国分为太阳能资源丰富地区、较丰富地区、中等地区、较差地区及贫瘠地区。

2. 太阳能发电系统

太阳能电池是一种利用光生伏特效应直接将太阳辐射能转换成电能的器件。所谓光生伏特效应是指不同导电类型的半导体材料构成的器件吸收光子后产生自由移动的载流子和光生电压的现象。

由太阳能电池组成的太阳能电池方阵（阵列）供电系统称为太阳能发电系统。目前太阳能发电系统可有以下运行方式：一种是将太阳能发电系统与常规的电网连接，即并网系统；一种是由太阳能发电系统独立地向用电负载供电，即独立系统；在上述两种方式的基础上，还可与风力发电系统配合，联合向电网或独立系统供电。

在独立运行的太阳能电池供电系统中，除了太阳能电池方阵外，通常还备有电能储存装置（一般为蓄电池组）及辅助电源。系统内的电能调节及保护装置包括防止蓄电池向太阳能电池反充的阻断二极管、向直流负载供电时所需的斩波器、向交流负载供电时所需的逆变器以及配电设备等。

3. 风力-太阳能联合发电运行系统的设计步骤

采用风力-太阳能联合发电系统的目的是更高效地利用可再生能源，实现风力发电与太阳能发电的互补。我国西北、华北、东北地区冬春季风力强，夏秋季风力弱，但太阳辐射强，从资源的利用上恰好可以互补；在电网覆盖不到的偏远地区或海岛利用风力-太阳能发电系统是一种合理、可靠的电力供应方法。

设计风力-太阳能发电系统的步骤如下。

（1）汇集及测量当地的风能、太阳能的分布及其他天气和地理环境数据。包括每月的风速、风向、每年最长的持续无风时数、每年最大的风速及发生的月份等；全年太阳日照时数、在水平面上全年每平方米面积上接收的太阳辐射能、在具有一定倾斜角度的太阳能电池组件表面上每天太阳辐射峰值时数及太阳辐射能等；当地在地理上的纬度、经度、海拔、最长连续阴雨天数、年最高气温及发生的月份、年最低气温及发生的月份等。

（2）当地用电负载状况，如果是独立系统则需要设计独立系统的用电负载情况。包括用电载荷的性质、所需工作电压、负载的额定功率、全天耗电总量等。

（3）确定风力发电及太阳能发电分担的向负载供电的份额。

（4）根据确定的负载份额计算风力发电及太阳能发电装置的容量。

（5）选择风力发电机及太阳能电池阵列的型号，确定及优化系统的结构。

（6）确定系统内其他部件（蓄电池、整流器、逆变器及控制器、辅助后备电源）。

（7）计算分析整个系统的投资情况、用电成本等经济数据。

4. 太阳能电池方阵容量的确定

设计风力-太阳能发电系统时，应根据用户负载来确定太阳能电池方阵的容量，一般应按照用户负载所需电能的上限来考虑，计算方法及步骤如下。

1）确定太阳能电池方阵内太阳能电池单体（或组件）的串联个数

对于独立运行的太阳能电池供电系统，其太阳能发电系统需要与蓄电池配套使用，也即同用电系统组成浮充电路：一部分电能供负载使用，另一部分则储存到蓄电池内以备夜晚或阴雨天使用。

设太阳能电池对蓄电池的浮充电压值为 U_F，则有

$$U_F = U_f + U_d + U_1 \tag{4-19}$$

式中，U_f为根据负载工作电压确定的蓄电池在浮充状态下所需的电压；U_d为线路损耗及防反充二极管的电压降；U_1为太阳能电池工作时温升导致的电压降。

假设太阳能电池单体（或组件）的工作电压为 U_m，则太阳能电池单体（或组件）的串联数为

$$N_s = \frac{U_f + U_d + U_1}{U_m} = \frac{U_F}{U_m} \tag{4-20}$$

2）确定太阳能电池方阵内太阳能电池单体（或组件）的并联个数

太阳能电池单体（或组件）的并联个数 N_p 可按下式计算：

$$N_p = \frac{Q_L}{I_m H}\eta_c F_c \tag{4-21}$$

式中，Q_L 为负载每天的耗电量；H 为平均日照时数；I_m 为太阳能电池单体（或组件）平均工作电流；η_c 为蓄电池的充、放电效率修正系数；F_c 为其他因素修正系数。

3）确定太阳能电池方阵的容量

太阳能电池方阵的容量 P_m，可按下式确定：

$$P_m = (N_s U_m)\cdot(N_p I_m) = N_s N_p U_m I_m \tag{4-22}$$

5. 风力-太阳能发电联合供电系统的结构

风力-太阳能发电联合供电系统的结构组成形式如图 4.14 所示，该系统根据风力及太阳辐射的变化情况按以下模式运行，即

（1）风力发电机独自向负载供电；

（2）风力发电机及太阳能电池方阵联合向负载供电；

（3）太阳能电池方阵独立向负载供电；

（4）储能系统独立或与上述三种模式配合向负载供电。

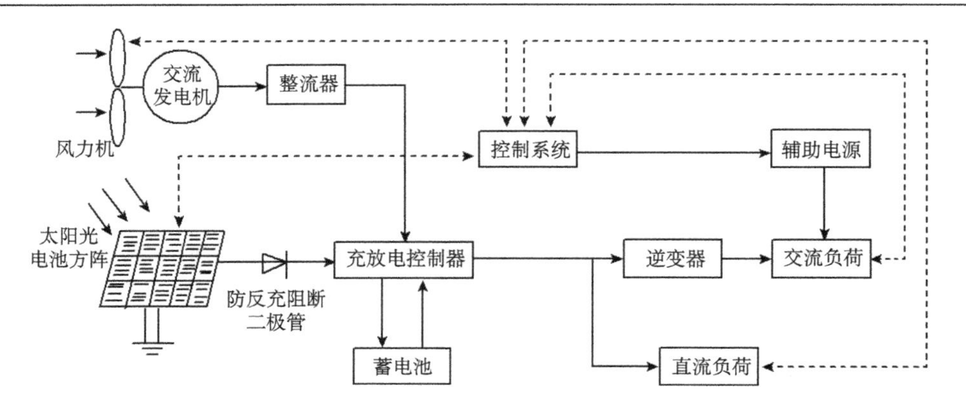

图 4.14　风力-太阳能发电联合供电系统

太阳能电池方阵独立供电时蓄电池容量为

$$Q_B = 1.2DQ_LK \tag{4-23}$$

式中，Q_B 为蓄电池容量；D 为最长连续阴雨日数；K 为蓄电池允许释放容量修正系数；1.2 为安全系数。

思考练习题

（1）请简述升力型风力机的工作原理。

（2）请简述风力-太阳能发电系统的设计步骤。

（3）风力发电主要都用到哪些类别的材料？这些材料都用在哪些部位上，为什么要这样用？

（4）请简述风力发电的优缺点？

（5）请就本章所介绍的多种并网运行的风力发电系统中的一种结构进行简单介绍，并分析其优缺点。

参 考 文 献

刘庆玉，李铁，谷士艳. 2008. 风能工程. 沈阳：辽宁民族出版社.

派克. 1984. 风能及其利用. 北京：能源出版社.

王承熙，张源. 2003. 风力发电. 北京：中国电力出版社.

周志敏，纪爱华. 2013. 离网风力发电系统设计与施工. 北京：中国电力出版社.

第5章 海 洋 能

5.1 海洋能概述

海洋能指海洋通过各种物理过程接收、储存和散发的能量。海洋能来源于海洋的潮汐、波浪、温度差、盐度梯度、海流。广阔的大海蕴藏着巨大的能量，它将太阳能以及派生的风能等以机械能、热能等形式蓄积在海水里，因而能量不容易散失。

海洋能主要包括波浪能、潮流能、温差能、潮汐能、海流能和盐差能等。海水的海面水温较高，与深层水形成温度差，形成温差能。潮汐能和潮流能的形成主要来源于太阳、月球和其他星球引力。潮流能、海流能、潮汐能和波浪能都是机械能。波浪的能量与波高的平方和波动水域面积成正比。潮汐的能量与潮差大小和潮量成正比。在一些水域还有海水盐差能，其能量与压力差和渗透能量成正比。

海洋能的特点如下。

（1）海洋能在单位体积、单位面积、单位长度所拥有的能量较小，但在海洋总水体中的蕴藏量巨大。

（2）海洋能取之不尽、用之不竭，具有可再生性。因为海洋能来源于太阳辐射能与天体间的万有引力，而太阳、月球等星球与地球共存，就会产生这种能源。

（3）海洋能有不稳定与较稳定能源之分。其中温差能、盐差能和海流能较为稳定，其他的海洋能则属于不稳定能源。

（4）海洋能属于清洁能源，对环境污染影响很小。

5.2 潮 汐 能

5.2.1 潮汐能概述

潮汐能是指海水潮涨和潮落形成的水的势能。一般来说，潮汐能的能量密度较低，而且平均潮差必须在 3m 以上才有实用价值。另外，只有潮汐能量大且适合建造潮汐电站的地方，潮汐能才具有较好的开发价值。我国的浙江、福建、广东沿海属于潮汐能较为丰富的地区。

潮汐能主要通过发电进行利用。第一步是先进行储水，在涨潮时将海水储存起来；第二步，在落潮时放出海水，利用海水的落差推动水轮机旋转，从而带动发电机发电。海水的落差和海水的流量正比于潮汐电站的功率。潮汐电站按照运行方式和对设备要求的不同，可以分成三种类型：单库单向型、单库双向型和双库单向型。

根据中国潮汐能资源调查，可以开发424个装机容量超过200kW的电站。这些资源在沿海地区的分布不均，福建和浙江是最多的，装机容量分别为1033万kW和891万kW，站点分别为88处和73处。两省的总装机容量占全国的总装机容量的88.3%；其次是长江口（上海和江苏）北支、辽宁和广东，装机容量分别为70.4万kW、59.4万kW和57.3万kW；而其他省份和地区则较少。

5.2.2 潮汐能发电原理

潮汐能利用形式分为两种：一是利用潮汐的动能；二是利用潮汐的势能。前者是直接利用潮流前进的力量来推动水车、水泵或水轮机发电；后者则是在电站上下游有落差时引水发电。其中，利用潮汐的动能比较困难，而且效率又很低。因此，潮汐发电一般利用潮汐的势能。潮汐势能发电的工作原理和常见的水力发电原理是类似的，即利用潮水的涨落形成的水位差势能来发电，这个过程中是把海水涨落的能量变为机械能，然后把机械能变为电能。常常是把靠海的河口或海湾用大坝跟大海分开，形成天然水库，在拦海大坝里安装发电机组，借用潮汐涨落的势能来推动水力涡轮发电机组发电。其特点是在涨潮和退潮时水流方向相反，水轮机两个方向旋转，水流速度也发生变化。虽然这给潮汐发电带来了一些技术上的困难，但可以通过调节储层流量的控制和电路的转换来解决。它的优点是不受洪水、低水位的水文因素的影响，而且功率相对稳定。图5.1所示为潮汐发电的原理。

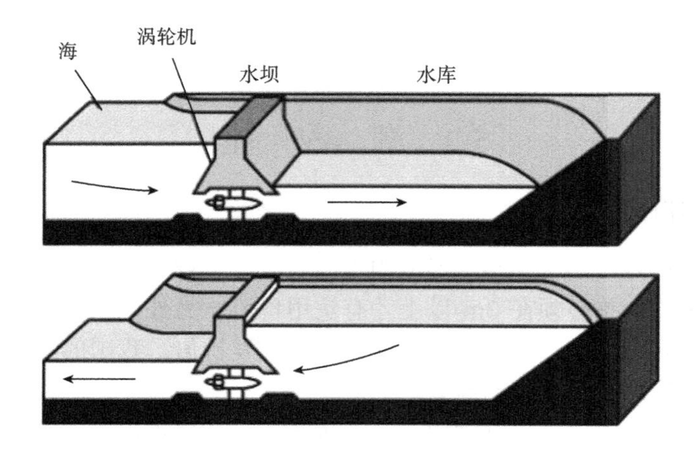

图5.1　潮汐发电原理图

5.2.3 潮汐能发电形式

1. 单库单向式发电站

这种潮汐发电站只建造一个水库来调节进出的水量，并安装一个单向水力发电机组，以便在退潮或涨潮时发电。由于可用于退潮动力的水库容量和水位差异大于涨潮，因此普遍采用退潮发电方法。在潮汐循环中，电站在四个工况下运行：充水、等候、发电和等候：①充水工况：停止发电，打开水库，从海上升起的潮水通过水闸进入水库和涡轮机，到水库内外的水位平齐。②等候工况：水闸关闭，水轮机停止过水，海水中的水位逐渐降低，水库水位不变。③发电工况：发电机组发电并且水库的水位逐渐降低。④等候工况：机组关闭，也不过水。水库水位保持不变，由于涨潮，海水位逐渐上升，至两侧的水位齐平，进入下一个循环。单水库潮汐电站的示意图如图 5.2 所示。

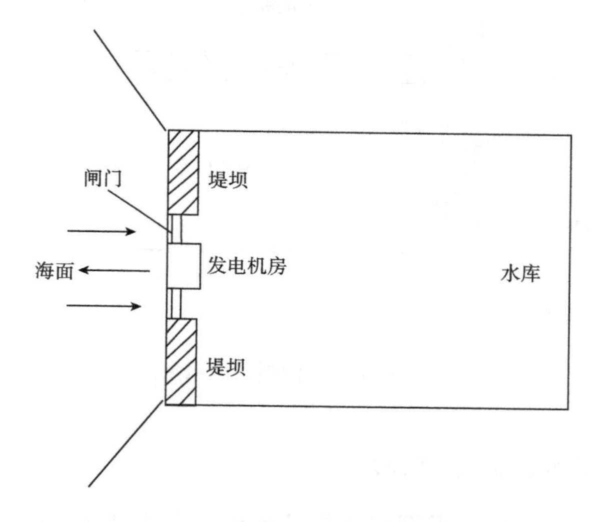

图 5.2 单水库潮汐电站的示意图

2. 单库双向式发电站

单库双向式发电站与单库单向式潮汐发电站相同，只有一个水库，但是涨潮和退潮都在发电。当潮汐高时，海平面高于水库的水位。当潮汐低时，水库的水位高于外海的水位。通过控制，当内部和外部水位差大于水力发电机所需的最小水头时，可以实现发电。要保证涨潮和退潮都可以发电，一是在涨潮和退潮时使用双向水力发电机组来适应水流的相反方向；二是构建适合水流方向变化的流通结构。

3. 双库（高、低库）式发电站

双库（高、低库）式发电站要求建造两个相邻的水库：一个水库为进水闸；另一个水库为泄水闸。前者水位始终比后者水位高，因此前者是高位水库，后者是低位水库。两个水库间全天存在着水位差，双向水轮发电机组位于两水库之间的隔坝内，水流可全天经过水轮发电机组持续发电。图 5.3 所示为双水库潮汐电站的示意图。

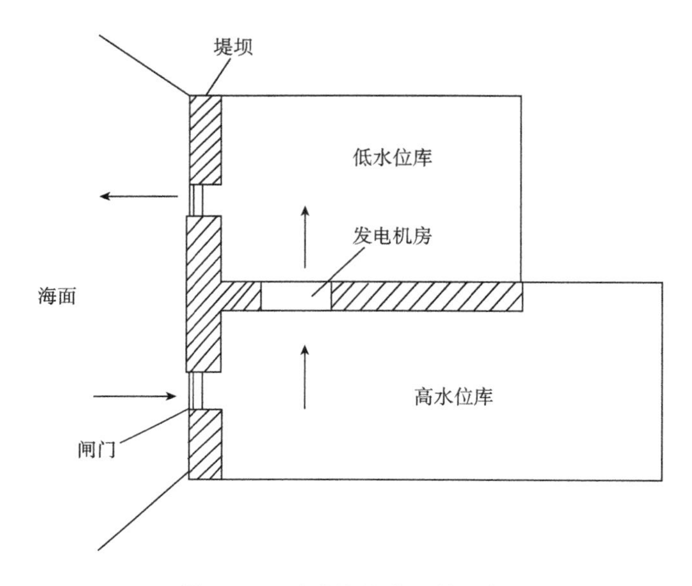

图 5.3 双水库潮汐电站的示意图

4. 发电结合抽水蓄能式发电站

在潮汐电站水库水位接近潮汐水位且水头较小的时候，电网的功率用于抽水。当潮汐高时，海水被泵入水库。当潮汐较低时，水库中的水被泵入海中，以增加发电期间的有效水头并增加发电量。

5.2.4 潮汐能发电优缺点

1. 潮汐能发电的优点

作为可再生能源，潮汐能清洁、不污染环境，不会影响生态平衡。随着潮汐的日常波动，潮汐能不断产生。它可以充分发展成为沿海地区生活、生产和国防需求的重要补充能源。

气候和水文等自然因素对潮汐能的影响有限，不容易受汛期和旱季的影响，因而其能源稳定性强。

潮汐电站的建设不会影响农田，也不会出现人口迁移等复杂的社会管理问题。而且修筑拦海大坝，进行促淤围垦海涂地，将海洋化工、交通运输、水产养殖、水利等方面结合起来，可以提高综合利用率。

2. 潮汐能发电的缺点

因为潮差和水头在 24 小时内经常变化，如果没有特殊调节措施，会给用户带来不便。

潮汐存在半个月的变化，潮汐范围有两倍大，这样一来输出和装机容量的年利用小时数就比较低。

潮汐电站通常位于海口港口，因而土木工程和机电投资方面投入很大。

潮汐电站的涨落潮水流方向相反，因此水轮机体积大、耗钢量多、进出水建筑物结构复杂。

另外，金属结构物和海工建筑物会受到海水、海生物的腐蚀和沾污，需作特殊的防腐和防海生物黏附处理。

5.3 波 浪 能

5.3.1 波浪能的形成

海洋波浪的形成有多种原因。其中形成波浪的主要原因是风力，通过风力的直接作用形成的波浪称为风浪，而风浪如果离开风区进行传播就形成了涌浪。由于海水深度有变化，受其影响，风浪到了较浅的水区时出现折射现象，因而完整的波面就会破碎和卷倒，此时就叫做近岸波。人们常说的海浪包括风浪、涌浪和近岸波。形成波浪的另一原因是地震，由地震产生的地震波传播至岸边时，波高会很快增大，如此就形成海啸，海啸会导致非常可怕的灾难。由地转偏向力作为恢复力在海洋中会产生一种惯性波。此外，随纬度变化的地转偏向力在海洋中会形成一种行星波。

5.3.2 波浪能的特点

1. 能量密度小、运动速度较慢

波浪能是一种低密度不稳定能源。其 1m 波前的能量一般在 20～80kW，以及波浪移动速度相对较慢，由波浪形成的水头通常仅有 2～3m，不宜直接用来驱动发动机。

2. 往复运动

波浪能具有周期性，一般是随着海水的运动方向循环一个周期。

3. 不稳定

风对波浪能的影响较大，因而波浪能跟风一样不规律。

4. 工作环境恶劣

由于波浪的狂暴和无规律，波浪能发电装置处在非常恶劣的工作条件下运转，如此带来一系列技术上和经济上的问题。

5.3.3 波浪能发电原理

波浪能发电的原理包括三个基本转换环节：第一级转换、中间转换和最终转换。

1. 第一级转换

第一级转换是指将波浪能转换为装置实体所特有的能量。第一转换的实体包括受能体和固定体。受能体是直接接受从海浪传来的能量；固定体是相对固定的，并与受能体形成相对运动。

2. 中间转换

将第一级转换与最终转换相连接的转换部分就是中间转换。中间转换主要起到稳向、稳速和增速的目的以及传输能量的作用。中间转换的种类有机械式、液动式、气动式等。

3. 最终转换

最终转换的主要作用是将机械能转换为电能，达到波浪能发电的目的。这种转换可以用常规的发电技术，然而需要注意的是：作为波浪能用的发电机，必须适应有较大幅度变化的工况。

利用波浪能发电的装置较多。其中用得最广泛的浮标式波浪发电装置示意图如图 5.4 所示。浮标置于海面上，随着波浪上下浮动，而中央管道中的水位保持不变，当浮标上下浮动时，空气活塞室中的空气随着压缩和膨胀，推动空气涡轮机运转并带动发电机发电。海上多数的航标和灯塔的照明就是通过该发电装置提供电源的。

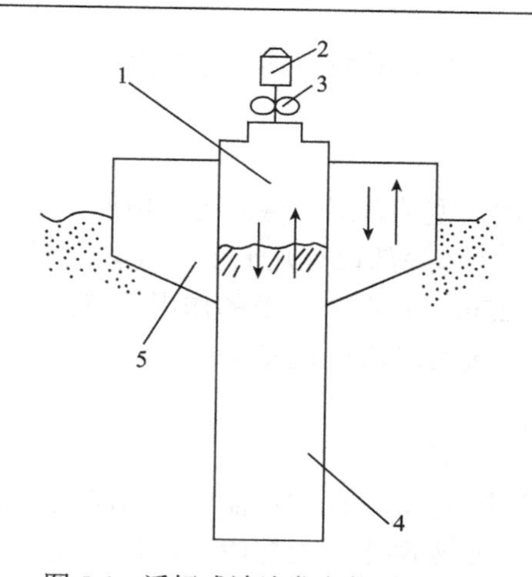

图 5.4 浮标式波浪发电装置示意图

1. 空气活塞室；2. 发电机；3. 空气涡轮机；4. 中央管道；5. 浮标

图 5.5 所示为固定式的波浪发电装置。该装置没有浮标，而是在海边建立空气室，空气活塞室内的空气通过海浪的作用反复被压缩、膨胀，如此带动涡轮机发电。该发电装置比较适于小岛渔村和边防哨所。

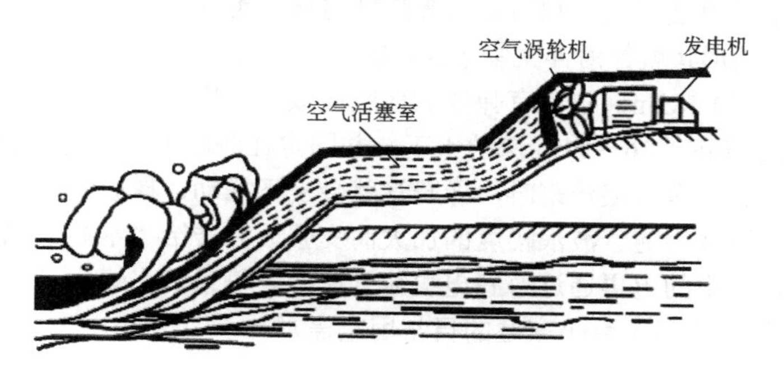

图 5.5 固定式的波浪发电装置

5.3.4 波浪能发电的机型

1. 航标波力发电装置

航标波力发电装置在世界各地发展很快，其主要包括波力发电浮标灯和波力发电岸标灯塔两种形式。前者是利用灯标的浮桶作为首轮转换的吸能装置，固定体即为中心管内的水柱，当灯标浮桶随波飘动而形成上下升降时，中心管内的空气就会时松时紧，气流推动汽轮机旋转，从而带动发电机发电，蓄电池聚能相连于浮桶上部航标灯，灯的开关是全自动控制的。而波力发电岸标灯塔结构相对于波力发电浮标灯来说更加简单，其发电功率也更大。

2. *波力发电船*

利用海上波浪发电的大型装备船叫做波力发电船，它是通过海底电线将发出的电力送上岸堤的。该种船体底部设有几十个空气室，用作吸能固定体的“空腔”，每个气室占水面积大约 25m^2。在船外波浪的作用下室内的水柱会上下升降，使得室内空气压缩或抽吸，从而推动汽轮机发电。

3. *岸式波力发电站*

岸式波力发电站有很多好处，比如不需要使用海底电缆、减轻锚泊设施等。常用的方式一般是选用钢筋混凝土在天然岸基构筑气室，采用空腔气动方式推动汽轮机与发电机，当波涛起伏时就会促使空气室储气变流不断发电。第二种方式是利用岛上水库溢流堰开设收敛道，在道口聚集波浪，从而达到水位差升高的目的进而发电。此外，气动机也可通过振荡水柱岸式气动器来带动发电。

4. *其他*

制造波浪发电装置也可利用橡胶等弹性材料。英国科学家发明了一种管状波浪发电装置，其形状就像海洋生物水蟒，因而取名为“水蟒”。该管状波浪发电装置宽约 6m，长约 182m，由富有弹性的橡胶做成。使用时，把“水蟒”安装在距海岸 1.6～3.2km 远、36～91m 深的水下，并固定在海床上，将海水充满“水蟒”的橡胶管道内。当有波浪传来时，橡胶管就会上下摆动，橡胶管内部就会产生一股水流脉冲。脉冲会随着波浪幅度的加大而变强，并传给“水蟒”尾部的发电机中进行发电，产生的电再通过海底电缆输到岸上。每条“水蟒”产生的电能可达 1MW，完全能够满足上百个家庭的日常用电需求。

5.4 温　差　能

5.4.1 海洋温差能形成原因

太阳辐射到海洋表面，海面水温将会升高，导致海洋表面和深处存在温度差。海洋温差能指的就是这种温度差之间的热能。不同纬度的太阳辐射有变化，纬度低的地方，水温高；纬度高的地方，则水温低。另外，海水深度不同，海水温度也不一样，海水表层温度较高，海水深处水温要更低。

海水温差发电主要利用海水不同深度的温度差进行发电，这种温度差可以达到 20℃，能够使低沸点的工作介质通过蒸发及冷凝的热力过程来推动汽轮机发电。按循环方式，温差发电分为四种循环系统：开式循环系统、闭式循环系统、混合循环系统和外压循环系统。

5.4.2　海洋温差能发电原理

海洋温差发电的主要工作介质是液态氨，吸收表层海水的热量后蒸发器中的氨蒸发成氨蒸气，从而推动汽轮发电机发电；做完功的氨再回到冷凝器。这时深层海水将氨冷凝恢复液态，再通过动力泵把液态氨送到蒸发器中，这时表层海水加热使氨蒸发，如此循环往复。

5.4.3　海洋温差能发电转换系统

海洋温差发电转换系统分为：开式循环系统、闭式循环系统和混合循环系统。

1. 开式循环系统

开式循环利用水作工质，起初温海水进入闪蒸器，在负压下进行闪蒸汽化，然后产生的蒸汽进入汽轮机做功，蒸汽会冷凝成水由水泵排出。整个过程因为冷凝水被排出去了，不回到循环中，因此称为开循环。图 5.6 所示为海洋温差发电的开式循环系统。

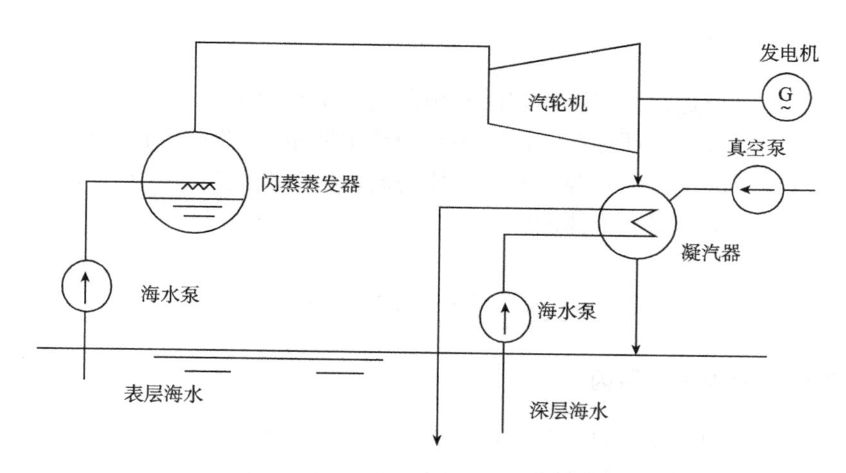

图 5.6　海洋温差发电的开式循环系统

2. 闭式循环系统

闭式循环是使用低沸点流体代替水做循环的工质。低沸点工质会回流到循环中，整个过程形成一封闭回路，因而称为闭式循环。起初，低沸点工质吸收表层温海水的热量并汽化，然后工质蒸汽进入汽轮机膨胀做功。蒸汽被深层冷海水冷凝成液态工质，再由工质泵升压而汽化，如此循环往复。图 5.7 所示为海洋温差发电的闭式循环系统。

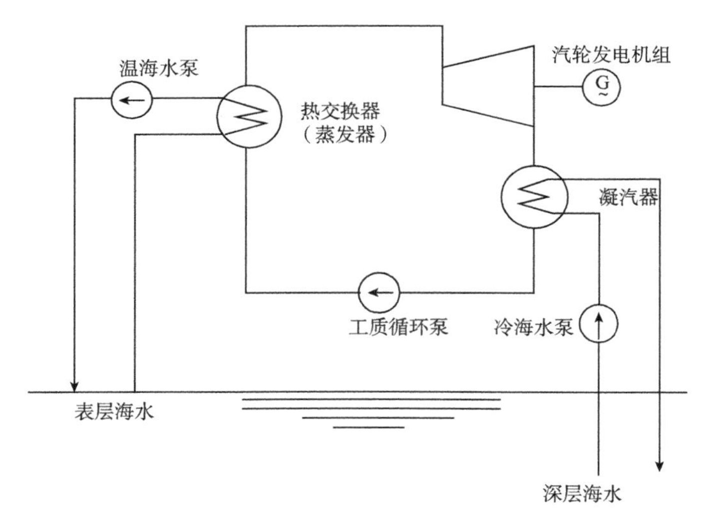

图 5.7　海洋温差发电的闭式循环系统

3. 混合循环系统

混合循环系统是把开式循环和闭式循环两者结合起来使用，这样既能发电也能产生淡水。混合式循环存在着闭式循环的整个回路。这时是用温海水减压闪蒸出来的蒸汽作为蒸发器的热源，而蒸发器的高温侧为蒸汽冷凝换热，可以提高其放热系数，减少蒸发器的换热面积。

5.5　盐　差　能

5.5.1　海洋盐差能形成原因

海洋中各处的盐度是有差异的，盐度跟海水的温度与深度有关。比如海洋表层的海水（20℃）的盐度为 36‰，而深海 600m 处（5℃）的盐度为 35‰，特别是在港湾河口处，盐度变化非常明显。在淡水与海水交接处，由于存在盐度差，会产生一种非常巨大的能量。如果在不同盐度的两种水之间放上一层半透膜，则经过这个半透膜就会形成一个压力梯度，水就会从低盐度一边通过膜向高盐度一边渗透，直到膜两侧的盐度相同为止，这种压力称为渗透压。盐度差发电也可称为渗透压发电。

5.5.2 盐差能发电原理

入海口处的淡水和海水都非常充沛，加上面积很大的半透膜和水轮发电机设备，实现盐度差发电是可实现的。这种盐差能发电系统的工作原理是：先把海水注入水压塔内，接着通过渗透压将淡水从半透膜向水压塔内渗透，水压塔内的水位上升。当水压塔内水位上升到一定高度，便从水压塔流出，推动水轮机旋转并带动发电机发电。为了确保水压塔内的海水存在一定的盐度，在淡水向水压塔内渗透的同时，还需用水泵持续地向水压塔内注入海水。如果不这样做，水压塔内的水就会很快被稀释。图5.8所示为盐差能发电的示意图。

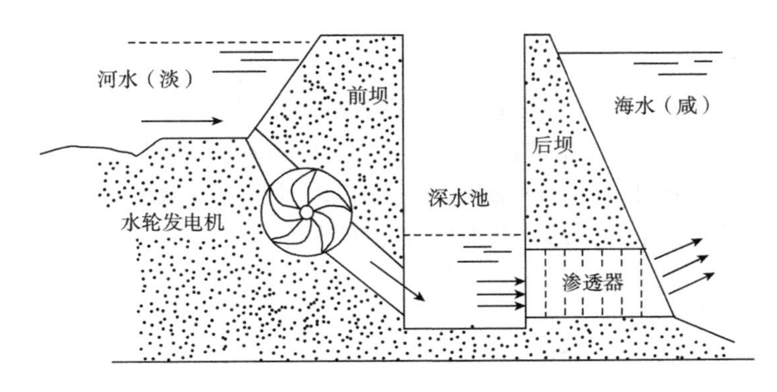

图5.8 盐差能发电的示意图

5.6 海 流 能

5.6.1 海流及海流能

海流形成的原因主要有两种。

第一种是海面上的风力形成的风生海流。当风在海洋表面吹过时，风会对海面产生摩擦力，同时风压使得海水顶着风的方向在广阔的海洋中做长距离的远征，这样形成的海流称为风海流。

第二种是由海水的温度和盐度变化而形成的。温度和盐度决定了海水的密度，而海水的密度分布又决定了海洋压力场的结构。海洋中的等压面常常是倾斜的，使得在水平方向上产生了一种引起海水流动的力，这样就形成了海流。比如黑潮、赤道流等与海洋水密度分布有关的海流。再如地中海与黑海之间则是由于土耳其海峡的水体交换产生盐度差异而形成了密度流。

海水流动的动能称为海流能，包括海峡中或海底水道中具有稳定流动产生的能量，或者潮汐产生的海水流动所形成的能量。

5.6.2　海流能发电

海流发电的装置跟风车、水车类似，因此海流发电装置也叫水下“风”车、潮流水车。海流发电装置主要有三种形式。

1. 轮叶式

发电原理就是海流推动轮叶转动再带动发电机发电。轮叶形状可做成转轮式或螺旋架式，其转轴与海流平行或者垂直，可以直接由轮叶带动发电机，也可先带动水泵，再由高压来驱动发电机组。

2. 降落伞式

整个发电装置由 12 个“降落伞”串联在环形的铰链绳上。 每个“降落伞”长约 12m，间距约 30m。依靠海流的力量将 “降落伞”撑开或收拢，铰链绳在撑开的“降落伞”的带动下，不断地转动着，同时带动绞盘转动，绞盘则带动发电机发电。图 5.9 所示为降落伞式海洋发电方法。

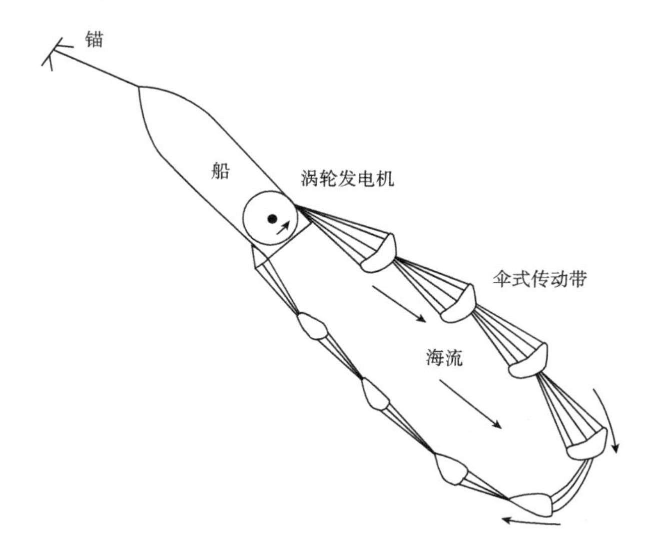

图 5.9　降落伞式海洋发电方法

3. 磁流式

磁流体发电是用高温等离子气体作工作介质，当带电粒子高速垂直流过强大的磁场后直接产生电流。如果以海水作为工作介质，当海水（存有大量离子，比如氯离子、钠离子）垂直流过放置在海水中的强大磁场时，就能获得电能。

5.6.3 海流能发电的特点

（1）海流能发电的时间和空间变化大，但有规律。海流能有的地方大，有的地方小，同一地点表、中、底层的流速也不相同。海流能虽然随着时间、空间变化，但是有规律性，可做到提前预报。因为海流的地理分布变化可以通过海洋调查研究掌握其规律，目前国内外可以对海流流速作出准确的预报。

（2）能量密度低，但总蕴藏量大，可以再生。海流能蕴藏量很大，而且属于可再生能源。我国海流的最大流速约为40m/s，相当水力发电水头仅0.5m，因此要求的能量转换装置比较大。

（3）海洋能发电装置投资大、造价高，但是对环境无污染、不用农田、不需人口迁移。由于海洋环境中存在着狂风、巨浪、暴潮，以及发电设备要经受海水的腐蚀、海生物附着破坏，因此海流发电装置设备庞大，要求材料强度高、防腐性能好，加上设计施工技术复杂，因此该种设备投资大、造价高。有利的方面是：海流发电装置建在海中，不需建坝，不需迁移人口，也不会影响交通航道。

思考练习题

（1）海洋能的类型有哪些？

（2）简述潮汐能形成的原理。

（3）简述潮汐发电的原理和类型。

（4）简述海流能发电装置及特点。

（5）波浪能形成的原因是什么？

（6）波浪发电的机型有哪些？

参 考 文 献

黄素逸，杜一庆，明廷臻，等. 2011. 新能源技术. 北京：中国电力出版社.

李传统. 2012. 新能源与可再生能源技术. 南京：东南大学出版社.

刘琳. 2009. 新能源. 沈阳：东北大学出版社.

翟秀静，刘奎仁，韩庆. 2010. 新能源技术. 2版. 北京：化学工业出版社.

朱永强. 2010. 新能源与分布式发电技术. 北京：北京大学出版社.

第 6 章　生 物 质 能

6.1　生物质能的概述

6.1.1　生物质

生物质是一种可再生的、可循环的有机物质，是由绿色植物通过大气、水、土地以及阳光所产生的。生物质包括农作物、树木和其他植物及其残体。生物质可以通过能源或物质方式被利用，也可以通过微生物将它分解成水、二氧化碳及热能。

近年来，全世界开始关注能源短缺问题。同时，环境问题日益突出，人们迫切需要找出一个能源安全的替代方法。其中，在可再生自然能源中，生物质能是最具可存储性、特异性并且是唯一物质性的能源。

从有效利用资源的角度来分类，生物质资源大致有以下几种类型，如图 6.1 所示。

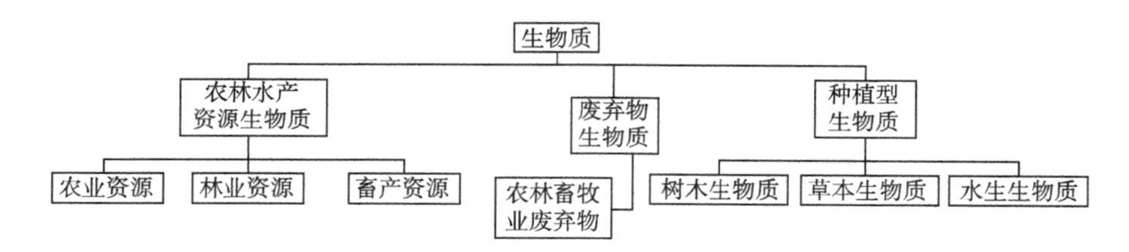

图 6.1　生物质资源的分类

6.1.2　光合作用产生生物质

绿色植物吸收光能，同化二氧化碳和水，制造有机物质并释放氧气。人们对植物光合作用的认识，经历了由表及里的漫长过程（图 6.2）。

光合作用对整个生物界具有非常重要的作用，因为它既是植物体内最重要的生命活动过程，也是地球上最重要的化学反应过程。通过光合作用可以把无机物转变成有机物，一年中地球上的自养植物通过光合作用同化约 5×10^{11} 吨碳元素。同时，光合作用可以将光能转变成化学能，绿色植物可以把太阳光能转变为化学能，并蓄积在有机化合物中。另外，通过光合作用能够维持大气中氧气和二氧化碳的相对平衡。绿色植物在吸收二氧化碳的同时，每年也释放出 3.15×10^{11} 吨氧气，因此大气中 O_2 的含量仍然维持在约 21%。所以，光合作用是地球生命活动中最基本的物质代谢和能量代谢过程。

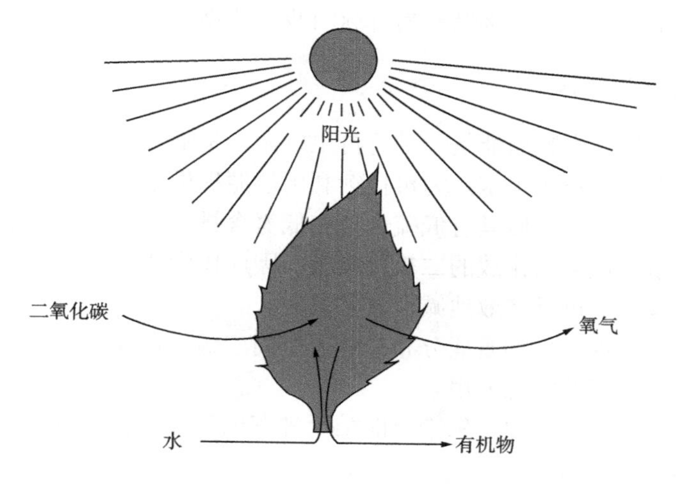

图 6.2 光合作用原理

生物质是太阳能最重要的吸收器和储存器。当太阳能辐照地球时，部分太阳能转化为热能，其中一部分被植物吸收并转化为生物质能。转换成热能的太阳能的能量密度非常低，不易收集，而大部分其他热能则储存在大气和地球上的其他物质中。通过光合作用，生物质可以收集太阳能并将其储存在有机物质中，这是人类发展所需能量的来源和基础。

6.1.3 生物质能

1. 生物质能的优缺点

生物质能约占世界能耗的 14%，在部分不富裕地区占 60%以上。全球约 25 亿人生活能源的 90%以上是生物质能。生物质能的优点很多，比如容易燃烧，污染很少，以及灰分较低；其缺点是：热值及热效率不高，体积大而不易运输。

2. 常见的生物质能

（1）薪柴和林业废弃物，主要是以木质为主体的生物质材料。
（2）农作物残渣和秸秆，是最常见的农业生物质资源。
（3）养殖场牲畜粪便，是一种富含氮元素的生物质材料。
（4）水生植物，主要有水生藻类、浮萍等各种水生植物。
（5）制糖工业与食品工业的作物残渣，主要为纤维类生物质。

（6）工业有机废物、城市有机垃圾。

（7）城市污水，是唯一属于非固体型的生物质能原料。

（8）能源植物，是以直接燃料为目标的栽培植物。

3. 生物质能的特征

（1）可再生性。生物质能是一种可再生资源，是唯一可以在光和水的作用下再生的有机资源。它资源丰富，为可持续利用能源提供了保障。

（2）低污染性。生物质具有低硫含量和低氮含量。因为生物质生长需要的二氧化碳量相当于燃烧期间排放的二氧化碳量，因此作为燃料排放到大气中的净二氧化碳大约为零，这可以有效地减少温室效应。

（3）广泛分布性。生物质能分布广泛，空间广阔。在煤炭稀缺的地区，生物质可以用来取代传统的能源使用。

（4）可存储性与替代性。生物质能是一种有机资源，能够储存在原料本身或其液态或气态燃料产品中。

（5）巨大的存储量。由于林木的年增长量非常大，相当于世界一次性能量的7～8倍，因此可以使用的实际量基于10%的数据计算，就可以满足能源供应要求。

（6）碳平衡。生物质燃烧释放的二氧化碳可以在再生过程中重新固定和吸收，因此不会破坏地球的二氧化碳平衡。

（7）多样性。生物质能具有产品上的多样性，包括物理态的热与电、液态的生物乙醇和生物柴油、固态的成型燃料、气态的沼气等。

6.1.4 发展生物质能的意义

工业化前，人类主要利用薪柴作为能源，第一次工业革命中蒸汽机的出现则使得煤炭逐步取代薪柴，而第二次工业革命中内燃机的出现使得石油逐步取代煤炭。目前，全球能源正处在第三次变革初期，可再生能源发展非常快，最终将取代化石能源。全球一次能源消费结构如图6.3所示。（资料来源：国际能源署）

我国人口众多，经济发展迅猛，将面临经济增长和环境保护两大压力。因此开发利用生物质能等可再生的清洁能源资源对建立可持续的能源系统，促进国民经济发展和环境保护具有重大意义。

1. 维护能源安全，保障社会可持续发展

自1993年起，我国开始成为石油净进口国。预计到2020年，我国石油消耗数量将达4.5亿～6.1亿吨，供应缺口将达2.5亿～4.3亿吨。能源结构的优化调整，减轻对于进口原油的过分依赖，是能源和资源供应体系面临的重大战略任务。

我国的生物质能非常丰富，每年产生的农业林业废弃物数以几十亿吨计，生物质的资源量十分巨大。生物质可以直接转化为气体、液体、固体的可再生能源产品，可以大规模替代石油、天然气和煤炭等化石能源，也是替代石油化工产品的重要渠道。

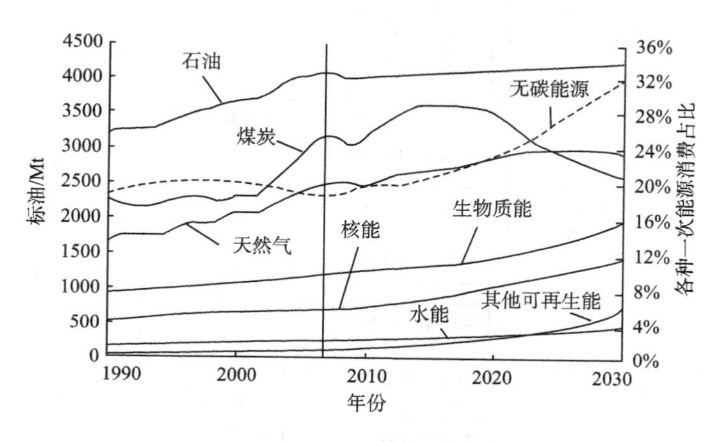

图 6.3 全球一次能源消费结构

2. 减少温室气体排放和环境污染，实现低碳发展

与化石能源相比，生物质能在转化和利用过程中对环境影响很小。生物质的灰分含量低于煤，含硫量很低。转化利用中的二氧化硫、氮氧化物和烟灰的排放将明显减少。通过燃烧生物质产生的二氧化碳能够经过等量生长的植物的光合作用吸收，以实现二氧化碳零排放。这些因素对于减少大气中的温室气体含量非常重要。

3. 促进农村经济发展

目前，我国人口有一半以上在农村，随着经济的发展和生活水平的提高，农村对于优质燃料的需求日益迫切。大力发展生物质能产业将可促进农村新兴产业的发展，实现农民增收、农业增效，为实现农村经济可持续发展作出贡献。

6.2 生物质利用技术

6.2.1 生物质能转换利用技术

生物质能转换利用技术有很多种，每种都适用于不同的目标和特殊需要。在具体选用哪种技术时，主要根据用户的要求以及生物质的特点来选择。生物质转化技术的具体分类如图 6.4 所示。

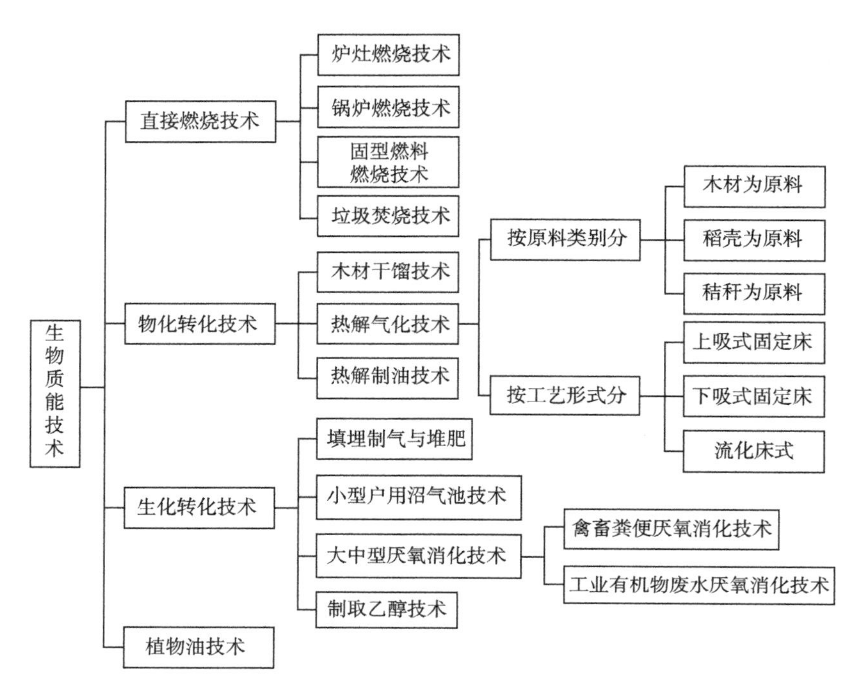

图 6.4　生物质转化技术分类和子技术

1. 直接燃烧技术

直接燃烧可分为四种情况：炉灶燃烧、垃圾焚烧、锅炉燃烧和固型燃料燃烧。其中炉灶燃烧一般适用于农村或山区分散独立的家庭用炉，该技术投资少，但效率很低。垃圾焚烧则是在处理垃圾时采用了锅炉技术，但是垃圾的热值低，腐蚀性强，导致使用该技术需要更大的投资以及更高的技术。锅炉燃烧适用于大规模利用生物质，它采用了现代化的锅炉技术，因而效率相对较高；主要不足是需要高的投资。固型燃料燃烧是先把生物质进行固化成型，然后采用传统的燃煤设备燃用，该技术的优势是所采用的热力设备可以是传统的定型产品，不必专门设计或处理；主要不足是运行成本较高。

2. 物化转换技术

物化转换技术包括三种方法：干馏技术、热解气化技术和热解制油技术。干馏技术是把能量密度低的生物质转化为热值较高的固定炭或气，然后分别加以利用。其优点是：生产设备比较简单，而且能够生产炭和多种化工产品；不足之处是利用率低和适用性小。热解气化技术是把生物质转化为可燃气，包括低热值气和中热值气。该方法利用效率高，用途广泛；不足之处是系统复杂，产品不便于储存和运输。热解制油技术是把生物质转化为液体燃料的技术，该方法制成的油品燃料可作为石油产品替代品，但是技术复杂，生产成本高。

3. 生化转换技术

生化转化技术主要包括两种方法：通过厌氧消化制沼气（CH_4）和特种酶技术制液体燃料。厌氧消化指有机物质在一定温度、湿度、酸碱度和厌氧条件下，经过沼气菌群发酵（消化）生成沼气、消化液和消化污泥。该方法的产品为沼气，十分洁净环保，但是能源产出比较低，投资较大。利用特种酶技术则是把生物质转化为液体燃料，该方法比较环保，效率高，但是转换速度慢，投资大，成本高。生物质生化转换技术中比较有潜力的包括生物质热化学转换制氢技术和木质素生物质制取燃料乙醇。

4. 植物油技术

植物燃料油是从能源油料植物提取加工后得到的一种能够替代石化能源的燃料油料物质。该方法提炼和生产技术简单，但是产油速度低，植物品种的筛选和培育也很困难。当前典型的方法是生物质柴油技术。对植物油进行醇交换处理得到的脂肪酸甲醇或乙醇就是生物柴油，其性质与柴油十分接近，可作柴油的替代品。

6.2.2 生物质发电技术

1. 生物质直接燃烧发电技术

生物质直接燃烧发电是在锅炉中直接燃烧生物质，产生的蒸汽推动蒸汽轮机进行发电。其关键技术是：预处理生物质原料、对锅炉进行防腐、选择合适的锅炉原料和蒸汽轮机效率等技术。燃烧过程会产生很强的化学反应过程、二相流动过程，以及燃料与空气间的传热、传质过程，如图 6.5 所示。

直接燃烧发电的工艺流程如图 6.6 所示。先从附近各个收集点将生物质原料收集好运到生物质电厂，预处理后存放到原料存储仓库；接着把预处理后的生物质送到锅炉燃烧，燃烧后热烟气与水之间进行热交换，使得生物质化学能转换为蒸汽的热能，推动汽轮机发电。

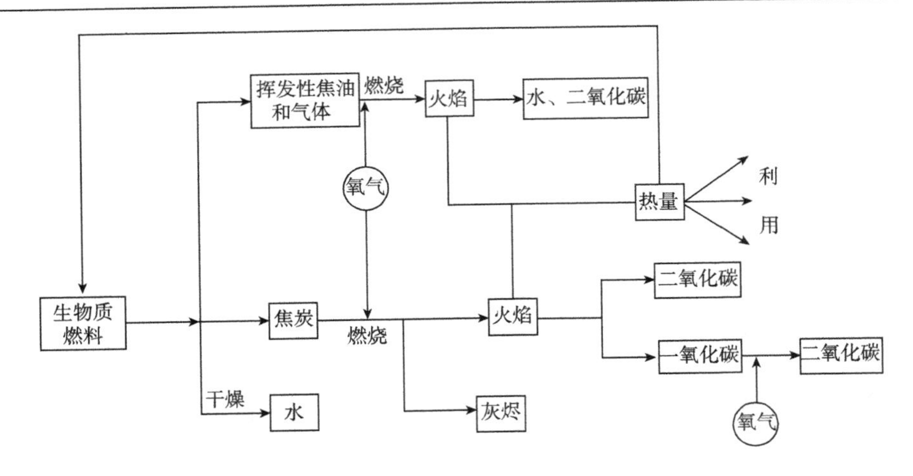

图 6.5　生物质燃料的燃烧过程

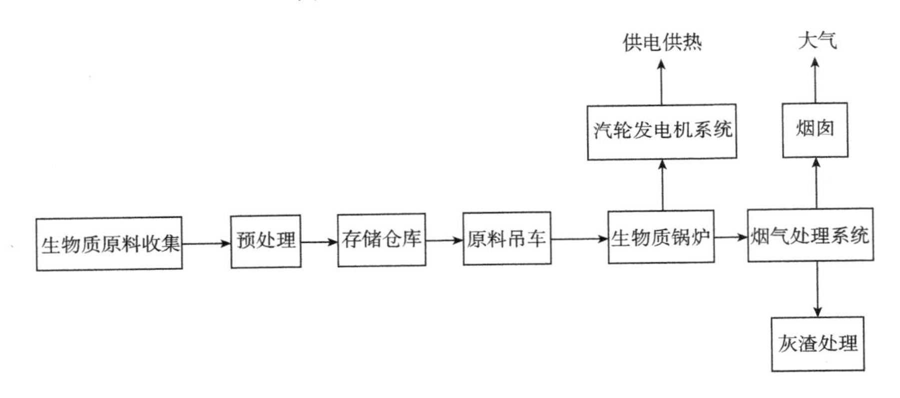

图 6.6　生物质直接燃烧发电的工艺流程

2. 生物质气化发电技术

生物质气化发电技术是指在气化炉中将生物质转化为气体燃料，经净化程序后再进入燃气机中燃烧发电。其关键技术之一是燃气需要进行净化，因为气化出来的燃气一般都含有一些杂质成分，必须通过净化系统去除杂质，从而保证发电设备能够正常运转。

气化发电过程有三个步骤：生物质气化、气体净化和燃气发电。生物质气化就是把团体生物质转化为气体燃料；气体净化指把气化出来的杂质通过净化系统除掉，比如灰分、焦炭和焦油等；最后利用燃气轮机或燃气内燃机进行发电。生物质气化发电工艺流程如图 6.7 所示。

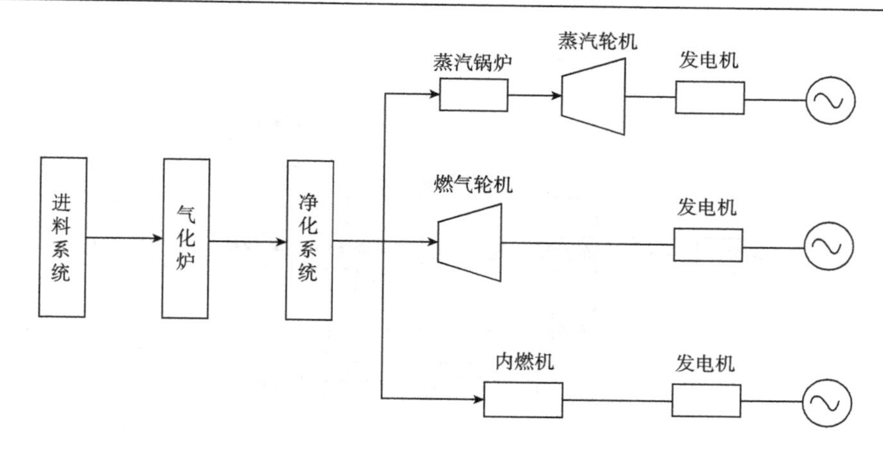

图 6.7 生物质气化发电工艺流程图

生物质气化发电技术具有三个特点：技术灵活性、洁净环保性和投资经济性。技术灵活性是指生物质气化发电可以根据生产规模的大小来选择合适的发电设备，以保证在任何规模下都有较好的发电效率。洁净环保性是指生物质本身属于可再生能源，可以有效地减少 CO_2、SO_2 等有害气体的排放，以及能有效地控制 NO_x 的生成量。投资经济性技术可以在小规模下生产，发电过程简单，设备紧凑，投资较小。

3. 沼气发电技术

沼气发电的原理是将工农业或城镇生活中产生的很多有机废弃物通过厌氧发酵处理，处理后得到的沼气用来驱动发电机组发电。目前一般是将柴油机组或者天然气机组改造后得到的内燃机用于沼气发电设备。与燃油和燃煤发电相比较，沼气发电仅适用于中、小功率的发电动力设备。

沼气发电过程中存在着由化学能→热能→机械能→电能的转化过程，其能量转换效率受到热力学第二定律的限制，热能的卡诺循环效率低于 40%，大部分能量随废气排出。因此，废气回收显得非常重要，如果余热能够回收，其总效率可达 60%～70%。

4. 生活垃圾焚烧发电

垃圾发电分为垃圾气化发电和垃圾焚烧发电。垃圾气化发电是指将垃圾制成可燃气体作为燃料进行发电。垃圾气化技术有流化床气化、固定床气化、回转窑热解气化等形式。垃圾焚烧发电是在焚烧锅炉中将垃圾燃烧释放的热量加热水后形成蒸汽，然后推动汽轮机带动发电机发电。生活垃圾焚烧发电的典型工艺流程如图 6.8 所示。

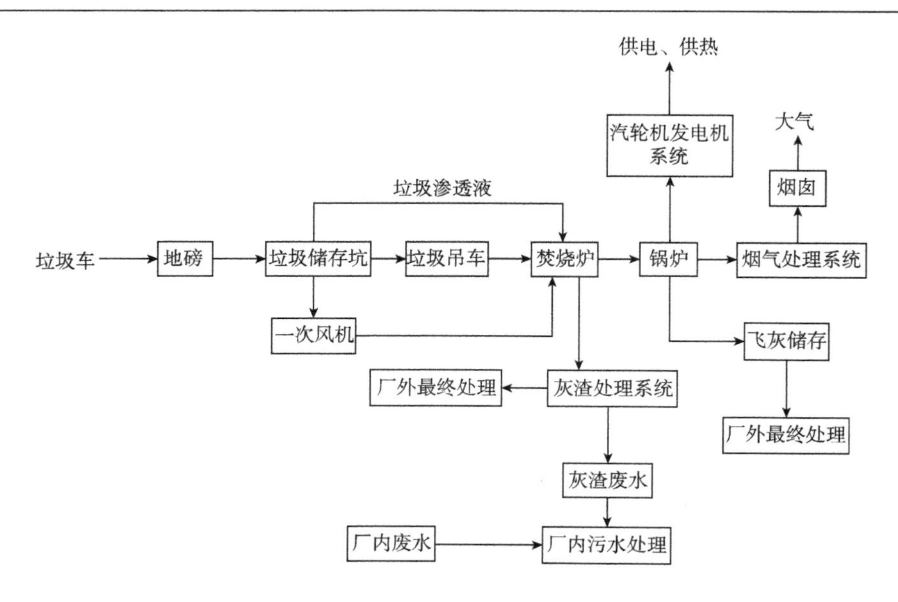

图 6.8　生活垃圾焚烧发电的典型工艺流程

5. 生物质混合燃烧发电技术

生物质如果与煤混合作为燃料发电，则称为生物质混合燃烧发电技术。混合燃烧方法分为三类：一是生物质直接与煤混合后投入燃烧，该方式不是所有用煤发电厂都能采用的，因为该方法对燃烧处理和燃烧设备要求比较高；二是先对生物质进行气化，所产生的燃气与煤混合再进行燃烧，这类方法对原燃煤系统影响较小；三是生物质与燃煤分别在独立的燃烧系统中燃烧，然后将各自产生的蒸汽一起送入汽轮机发电机组。其中，混合燃烧会产生如下问题：

（1）生物质灰的熔点低，容易结渣。

（2）当热交换器表面温度超过 400℃时，容易产生高温腐蚀。

（3）锅炉中的生物燃料不容易稳定燃烧。

（4）生物质燃烧生成的碱，会使燃煤电厂中脱硝催化剂失活。

生物质混合燃烧发电系统主要由燃烧系统、汽水系统和电气系统三部分组成。锅炉的燃烧部分、生物质加工及传输系统以及除灰、除渣等部分组成燃烧系统。锅炉、汽轮机、凝汽器、给水泵以及化学水处理和冷却水系统组成汽水系统，如图 6.9 所示。

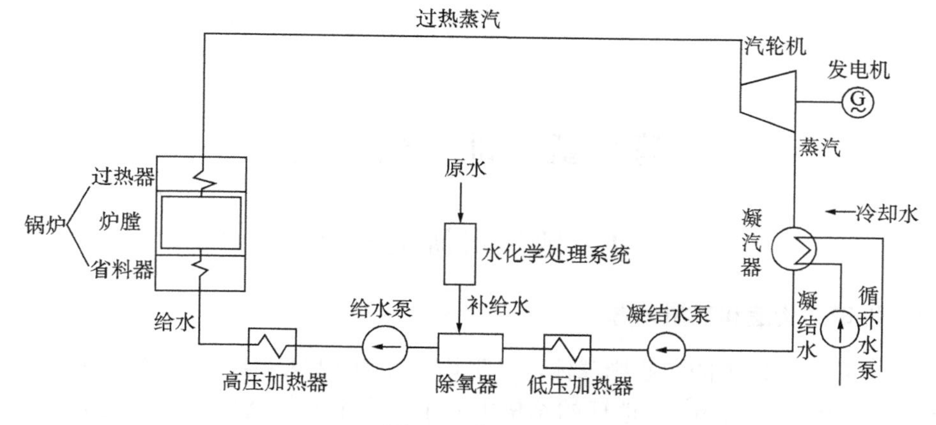

图 6.9　汽水系统

思考练习题

（1）简述生物质能的种类及常见的生物质能。

（2）简述生物质能的主要利用技术。

（3）简述生物质能的特征。

（4）简述生物质能的主要发电技术。

（5）简述生物质能技术的发展特点。

参 考 文 献

黄素逸, 杜一庆, 明廷臻, 等. 2011. 新能源技术. 北京: 中国电力出版社.

梁栢强. 2013. 生物质能产业与生物质能源发展战略. 北京: 北京工业大学出版社.

孙立, 张晓东. 2011. 生物质发电产业化技术. 北京: 化学工业出版社.

余英. 2008. 生物质能及其发电技术. 北京: 中国电力出版社.

朱锡锋, 陆强. 2014. 生物质热解原理与技术. 北京: 科学出版社.

第7章　地　热　能

7.1　地热资源的形成

7.1.1　地球的构造和热量来源

地球是一个巨大的实心椭球体，其平均直径为12742km，体积约为1万亿立方千米（$1.08\times10^{12}km^3$）。地球的结构类似于一个半熟的鸡蛋，从外到里可分为三层：地壳、地幔和地核（又分为外核和内核），分别对应于蛋壳、蛋清和蛋黄，如图7.1所示。

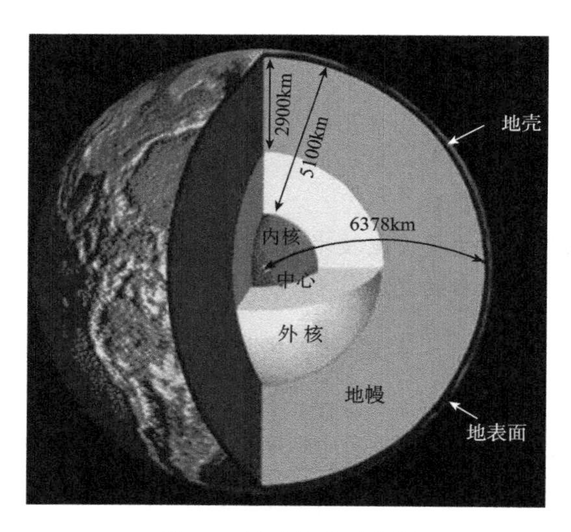

图7.1　地球构造示意图

地壳的组成成分是土层和坚硬的岩石，大部分是镁铝和硅镁盐层。地壳各个位置的厚度不相同，大概在10～70km，其中陆地上平均为30～40km，而海底只有大约10km。铁和镁的硅酸盐等物质构成地幔，其多半是熔融状态的岩浆。地幔的厚度大概是2900km，地幔的体积是地球总体积的83%，其质量是地球总质量的68%。地球的中心是地核，是由镍、铁等重金属组成的，呈液体状态。外核的深度为2900～5100km，从5100km直到地心是内核。

越到地球内部深处，温度越高。地幔的温度范围为1100～1300℃。地核的温度高达2000～5000℃。地球内部各层的温度，如图7.2所示。

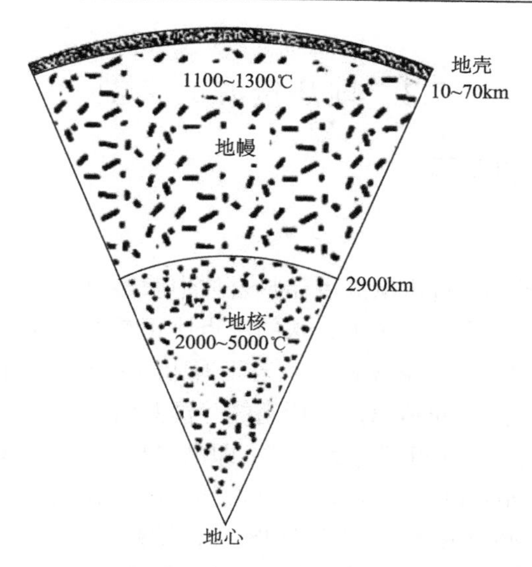

图 7.2 地球内部各层温度示意图

地球物理学家认为，地球内部的热量大部分源自于地球内部放射性元素的衰变。此外，地球内热的来源还有潮汐摩擦热、化学反应热等，但这些所占的比重都比较小。

7.1.2 地热资源的概念

地热是来自地球内部的热量，但是只有部分地球热量可以作为能源进行利用。地球表面的热量会部分散发到周围的大气中，叫做大地热流。在某些高温地区以及炎热的夏天，常常发现远处的景物会变得朦朦胧胧的，好像是隔着一层附有水浪的玻璃。据统计，每年地球表面散发到大气的热量，与 370 亿吨煤燃烧所释放的热量相当。这种能量虽然很大，可是由于很分散，现在没法利用。另有大量热量被埋藏在地球很深的内部，开采非常困难，因此难于利用。

由于地质因素的影响，地球内部的热能可能会以热蒸汽、热水、干热岩等形式聚集到地面以下一定深度，可以达到开发利用的条件。也有些热能会以传导、对流和辐射的方式传递到地面上来，比如火山爆发、间歇喷泉和温泉等形式。地热资源是指在当前条件下可以从地壳内开发出来的热能和热流体中的有用成分。地热资源是热、水、矿集于一体的矿产资源。已经查明的地热资源称为确认地热资源；推测、估算的地热资源称为推测地热资源。目前地热资源勘查的深度可以到地表以下 5000m。

7.2　地热资源的类型

7.2.1　地热资源的存在形态

1. 热水型

热水型地热资源是通过水从周围储热岩体中获得热量形成的，主要是热水和湿蒸汽。地壳深处的静压力非常大，水的沸点比正常气压高很多。即使温度高达300℃，水还是呈液体状态。温度高的水若上升，随着压力减小就会沸腾，形成饱和蒸汽，往往连水带汽一起喷出，即所谓的“湿蒸汽”。

热水型地热资源，按温度可分为三类：即高温型（高于150℃）、中温型（90～150℃）和低温型（90℃以下）。高温型有很强烈的地表热现象，比如高温间歇喷泉、沸泉、沸泥塘、喷气孔等。具有这种特点的地热资源多在我国的藏、滇一带。甚至一些地区的地热资源温度高达422℃。热水型地热资源比较常见，储量较多，分布广泛，大多在火山活动地区和沉积盆地。地热水中常含有很多的二氧化碳和硫化氢等气体。还有一些含盐的地热水可以起到医疗作用。

2. 干蒸汽型

存在于地下的高温蒸汽为干蒸汽型地热资源。在含有高温饱和蒸汽的地层，由于封闭良好，热水补给量小于排放量，这时因为缺乏液态水分而产生“干蒸汽”。地热蒸汽的温度超过200℃。干蒸汽基本上不含液态水分，但可能有少量的其他气体掺杂。干蒸汽资源的产生必须要符合特殊的地质条件，储量很少。

干蒸汽对汽轮机腐蚀很少，可直接推动汽轮机，因此适合用于汽轮机发电。

3. 地压型

地压型地热资源，是以高压水的形式存在的，并且主要储存于地表下2～3km深处的可渗透多孔沉积岩中，地压水压力可达几十兆帕，温度为150～260℃。地压水一般溶有大量的甲烷等碳氢化合物。地压型资源中的能量包括三部分：机械能（高压）、热能（高温）和化学能（天然气），而且多半体现为天然气的价值。地压型资源常常可以和油气资源同时开发。

4. 干热岩型

干热岩型地热资源主要指温度较高、埋藏不深的能够开发经济价值的热岩石。热岩石埋藏深度范围为2～12km，其温度多为200～650℃。干热岩地热资源非常丰富，具有很大的发展潜力。

利用干热岩中的热量的方法是：在岩层中打通一个渗透通道，该通道与地表的冷水形成封闭的热交换系统，然后利用被加热的流体把地热能引到地面加以利用。建立渗透通道的方法，可采用凿井和爆破碎裂法。

5. 岩浆型

岩浆型地热资源一般位于地层深处，存在于黏性半熔融状态或完全熔融状态的高温熔岩中。地热资源总量的40%属于岩浆型地热资源，其温度范围为600～1500℃。在一些多火山地区，岩浆型地热资源可以在地表以下较浅的地层中找到。当熔岩上升到离地表小于20km时，可用于和载热流体进行热交换。目前，岩浆型资源的应用还处于试验阶段。

7.2.2 地热田

地热田是指在目前条件下达到开采利用价值的地热资源集中分布的地区。地热田主要是热水田。

热水田的地热资源是液态的热水。地下水沿着岩石缝隙向深处流动，同时持续吸收周围岩石的热量。流到越深处，水的温度越高。一般水层上部的温度低于那里气压下的沸点。深层地下水被加热后体积膨胀，压力增大，可能会成为浅埋藏的地下热水，如果流出到地面，就成为温泉。除此之外，火山喷发也可能把地下水加热，形成热水田。

热水田比较常见，目前开发利用也多，既可直接用于供暖，也可用于地热发电。

7.2.3 蒸汽田

蒸汽田的地热资源主要是两类：水蒸气和高温热水。能够形成蒸汽田的地质结构，一般是周围的岩层导热性和透水性不好，储水层不断受热，导致大量蒸汽和热水聚集。聚集区上面是蒸汽，压力地表的气压要打；下面是液态热水，蒸汽压力小于静压力。如果喷出的是纯蒸汽，就叫干蒸汽田；如果是蒸汽与热水的混合物喷出，就叫做湿蒸汽田。一个地热田有时一段时间喷出干蒸汽，而在另一段时间喷出的则是湿蒸汽。

目前，蒸汽田开发还不多。但是，蒸汽田的开发利用价值很高，而开发难度相对也比较大。地热资源的开发潜力取决于地热田的规模大小。而地热资源温度的高低也会影响其开发利用价值。

7.3　地热能的一般利用

7.3.1　地热能的利用方式

地热能的利用可分为两大类：地热发电和直接利用。需依据地热流体的温度选择合适的利用方式。

一般来说，地热能主要有以下几个方面的应用。

（1）地热发电。高温地热流体主要用于发电，这是利用地热的最重要方式。

（2）地热供暖。将地热能用于供热、供暖或提供热水，这是地热应用最普遍的方式。

（3）地热用于农业生产活动，比如土壤加温、农田灌溉、温室种植、水产养殖等。

（4）地热用于温泉洗浴和医疗。

7.3.2　地热水供暖系统

最直接的利用地热的方式之一是地热水供暖。因为地热水温度与利用温度相同，所以容易实现，也很经济，受到很多地方的高度重视，特别是地热资源储藏丰富的寒冷地区。其中，利用地热采暖最早和最成功的国家是冰岛，1928 年冰岛首都雷克雅未克就开发了世界上第一个地热供热系统。在我国京津地区，地热供暖和供热水也发展很快，现已成为最普遍的地热利用方式。

地热水利用率是指实际供热量与地热水可供热量的比值。它的大小范围在 40%～70%，关键在于回水温度，越低的回水温度，就会产生越高的地热水利用率。当地热水井的水质好、没有腐蚀性和供水量稳定的时候，天然的地热水可以直接送往用户，即为直接供暖系统。

当地热水的腐蚀性很强时，地热水和供暖循环水应该分开，利用换热器把地热水的热量传递给洁净的循环水，再把地热水排放，即为间接供暖系统。

7.3.3　地源热泵系统

热泵是指利用卡诺循环原理，采用某种工质从地下吸收热量，然后把压缩转化的能量传导给可利用的介质。在热泵的两端，其中一端制冷，另一端制热，这样就可以同时利用，从而提高地热资源的品位和利用效率。

通过地源热泵系统利用地热能的方式有：①在表层地热水池中浸入吸热装置；②将地热水抽出，利用热泵地面换热器把地热能释放给热泵工质；③采用埋地换热器的闭式回路。

此外，还可以将土壤作为低温热源。即在土壤中埋设 U 形管或盘管，利用热泵将从土壤吸收的热能供应给室内，如图 7.3 所示。整个过程中仅从土壤中取热而不取水，因此没有环境污染，也不会影响地面形态；而且，地热水也不会腐蚀热泵系统。

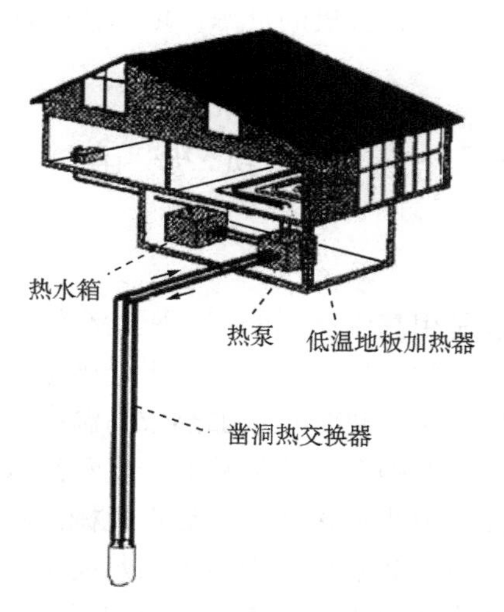

图 7.3　采用埋地换热器的地源热泵系统

来源：www.geothermal-energy.org

7.3.4　地源热风供暖系统

热风供暖系统多用于耗热量大的建筑物以及有防水要求的供暖场合。这种方式既可以集中送风，也可以分散加热。集中送风是先在一个大的热风加热器中把空气加热，然后输出到各个供暖房间。分散加热是指在各个房间的暖风机或风机盘管系统引入地热水，从而加热房间的空气。

7.3.5　地热用于农业和养殖业

在农业和养殖业中地热的应用范围非常广泛。比如，灌溉农田时采用温度适宜的地热水，能够使农作物早熟增产；养鱼时采用地热水进行养殖，能加速鱼的育肥，鱼的出产率可以得到提高；利用地热建造温室，能养花、育秧和种菜；利用地热给沼气池加温，沼气的产量能得到提高等。

7.3.6　温泉洗浴和医疗

温泉是地热能产生的一种现象，是地球上分布最广、最常见的地热显示。当地热水的温度在 20℃以上时可称为温泉，我国和日本的温泉标准都是 25℃。热泉需温度达到 45℃以上，沸泉则需温度达到当地水的沸点。

地热水中常含有很多的化学元素，比如铁、钾、钠、氢、硫等，因此很多天然温泉具有一定的医疗保健作用。部分地热水可开发利用为饮用矿泉水，产生保健效果。目前热矿水被视为一种宝贵的资源，地热在医疗领域的应用具有非常好的前景。

7.4 地热发电

7.4.1 地热发电的原理

地热发电的基本原理是用高温高压的蒸汽驱动汽轮机将热能转变为机械能，这与常规的火力发电是类似的。但不同之处在于，火电厂是利用煤炭、石油、天然气等化石燃料燃烧时所产生的热量把水加热成高温高压蒸汽，而地热发电无须燃料，而利用地热能可加热其他工作流体从而产生蒸汽或者直接利用地热蒸汽。地热发电时，先把地热能转变为机械能，然后把机械能转变为电能。

地热能的利用需要通过“载热体”把地下的热能带到地面上来。目前的载热体主要包括地下的天然蒸汽和热水。火电厂所用的工作流体是纯水的蒸汽；而地热发电所用的工作流体是地热蒸汽或者由地热加热低沸点的液体工质后所形成的蒸汽。

地热电站的蒸汽温度相对来说比较低，所以地热蒸汽经涡轮机的转换效率只有 10%左右，远低于火电厂涡轮机的能量转换效率，即 35%～40%。对于不同类型的地热资源和汽轮发电机组，地热发电的热转换效率一般为 5%～20%，说明地热资源提供的大部分热量没有变成电能。

地热流体的温度在 150℃甚至 200℃的时候，地热发电具有相对较高的热转换效率。在没有高温地热资源的地区，比如 100℃以下的地热水用来发电时，效率较低，经济性也不好。考虑到地热能源温度低、压力小，因此地热发电常常是采用低参数小容量机组。发电后的地热流会重新被注入地下，以保持地下水位不下降，在后续的循环中可以取回更多的热量。

在实际利用地热资源时，需解决一些关键技术问题，以实现经济高效的地热能利用。主要关键技术是：①提高地热能的利用率；②防止管道结垢和设备腐蚀；③回灌技术；④电站建设和改进运行的技术。

7.4.2 蒸汽型地热发电系统

把高温地热田中的干蒸汽直接引入汽轮发电机组发电称为蒸汽型地热发电。

先把蒸汽中所含的岩屑、矿粒和水滴分离出去后再引入发电机组发电。这是一种最简单的发电方式，但是目前现成的干蒸汽地热资源不多，而且这些资源一般储存在很深的地层，难以开采，因此其发展受到较大的限制。

蒸汽型地热发电系统包括两种：一是背压式汽轮机发电系统；二是凝汽式汽轮机发电系统。净化分离器和汽轮机组成背压式汽轮机发电系统，如图7.4所示。它的工作原理是：首先从蒸汽井中引出干蒸汽，进行净化，通过分离器把固体杂质分离出来，再把蒸汽通入汽轮机做功，推动发电机发电。做功后的蒸汽可直接排入大气，也可以把它用到工业生产中的加热过程。背压式汽轮机发电，是地热干蒸汽发电最简单的一种方式。该系统一般用于地热蒸汽中不凝性气体含量很高的场合，或者综合利用于工农业生产和人民生活中。

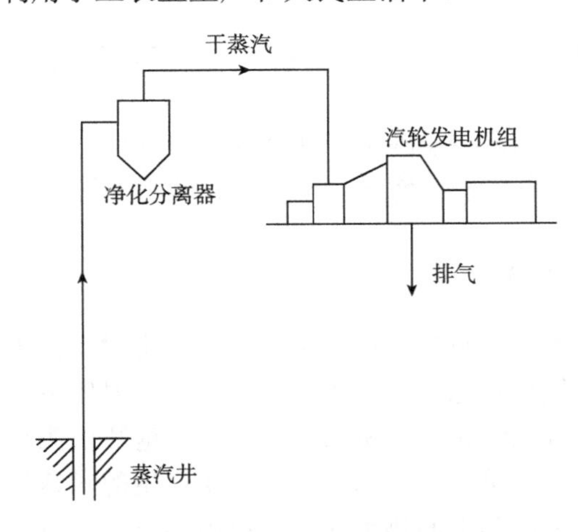

图7.4 背压式汽轮机地热蒸汽发电系统

如图7.5所示为凝汽式汽轮机发电系统。在这种系统中，蒸汽会在汽轮机中快速膨胀，做更多的功。然后蒸汽被排入混合式凝汽器，以及通过冷却水冷却而凝结成水，最后被排走。在凝汽器中，常设有两台带有冷却器的抽汽器，以保持很低的冷凝压力，目的是把由地热蒸汽带来的各种不凝性气体和外界漏入系统中的空气从凝汽器中抽走。凝汽式汽轮机使用更多，因为该种方法能够提高蒸汽型地热电站的机组出力和发电效率。

7.4.3 热水型地热发电系统

目前地热发电的主要方式是热水型地热发电，其分为纯热水和湿蒸汽两种方式，主要针对的是中低温地热资源。其中，低温热水层产生的热水或湿蒸汽需要通过一定的处理才能送入汽轮机，即需要先把热水变成蒸汽或者利用其热量产生别的蒸汽，才能用于发电。热水型地热发电系统主要有两种发电方式。

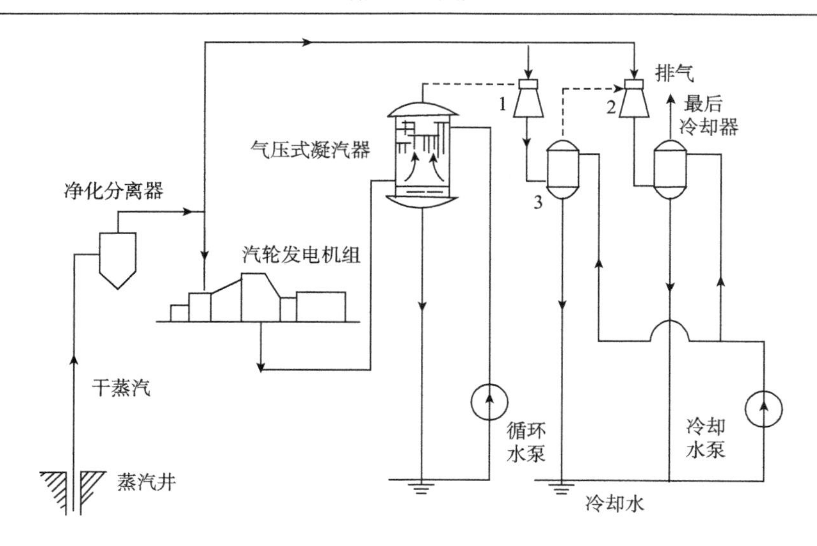

图 7.5　凝汽式汽轮机地热蒸汽发电系统

1. 一级抽汽器；2. 二级抽汽器；3. 中间冷却器

1. 闪蒸地热发电系统

闪蒸地热发电原理是：首先把低温地热水引入密封容器中，再通过抽气来降低容器内的气压，在低压状态时地热水就会在较低的温度下沸腾产生蒸汽，体积膨胀后的蒸汽做功，推动汽轮发电机组发电。不论地热资源是湿蒸汽田还是热水田，闪蒸地热发电系统都是直接利用地下热水所产生的水蒸气来推动汽轮机做功来得到机械能的。闪蒸后剩下的热水和汽轮机中的凝结水可以提供给其他热水用户使用。

如图 7.6 所示为湿蒸汽型和热水型闪蒸地热发电系统。两者的差异在于蒸汽的来源或形成方式。如果地热井出口的流体是湿蒸汽，则利用汽水分离器分离出的蒸汽送往汽轮机，而分离下来的水进入闪蒸器，获得蒸汽后推动汽轮机发电。

从提高地热能的利用率考虑，闪蒸系统还可以采用两级或多级方式。这样，对于第一级闪蒸器中未汽化的热水，可以进入压力更低的第二级闪蒸器，然后又可以产生蒸汽送入汽轮机做功。多级闪蒸发电系统的发电量比单级系统可以提高15%～20%。而全流法地热发电系统是把地热井口的全部流体，直接送进全流膨胀器中做功，然后排放或收集到凝汽器中，以达到充分地利用地热流体的全部能量。这种系统的单位净输出功率可比单级系统和两级系统分别提高约60%和30%。但是，该系统的设备尺寸大，容易受腐蚀，对地下热水的温度、矿化度以及不凝性气体含量等有较高的要求。

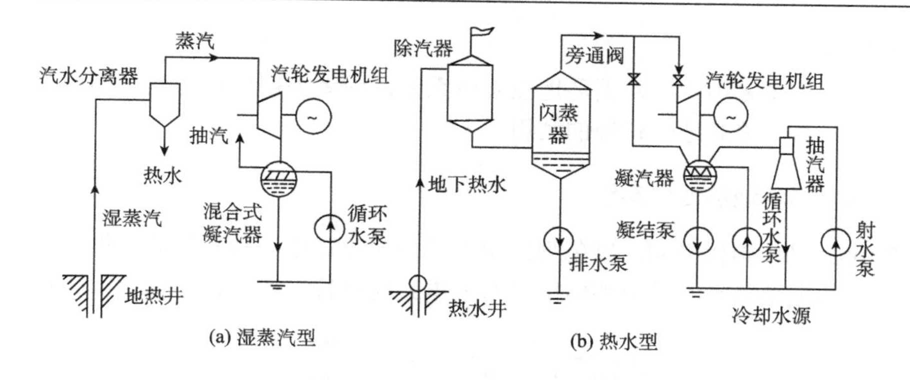

图 7.6　单级闪蒸地热发电系统

2. 双循环地热发电系统

双循环地热发电系统通过地下热水来加热某种低沸点工质，使其产生具有较高压力的蒸汽并送入汽轮机工作，其原理如图 7.7 所示。

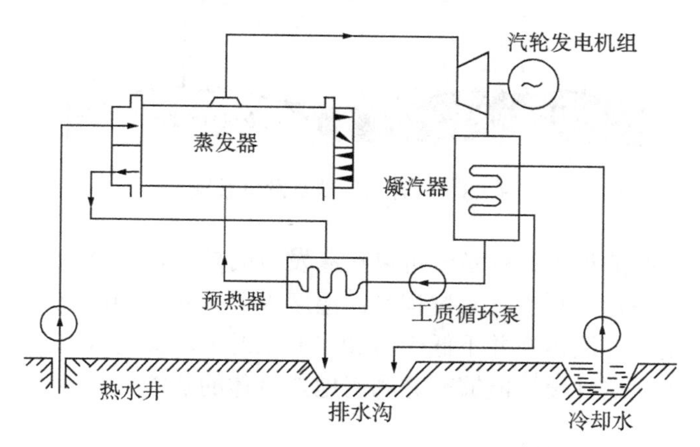

图 7.7　单级双循环地热发电系统

常用的低沸点工质包括碳氢化合物或碳氟化合物，各种氟利昂，以及异丁烷和异戊烷等的混合物。为符合环保标准，最好少用或不用含氟的工质。做功后的蒸汽凝结后，再用压力泵把低沸点工质送回热交换器加热，达到循环使用的效果。

双循环发电系统的优点主要是：①地热水不直接接触发电系统，可防止设备腐蚀；②低沸点工质蒸气压力较高，设备尺寸小，而且成本比较低。这种发电系统可以有效地利用中温地热。

值得注意的是：低沸点工质导热性比水更差，价格更高，并且还有易燃、易爆、有毒、不稳定、对金属有腐蚀等特性，因此对双循环发电系统的发展有一定的不良影响。

此外，如果采用两级双循环地热发电系统，或者采用闪蒸与双循环两级串联发电系统，可以提高地热资源的利用率。

7.4.4　联合循环地热发电系统

20 世纪 90 年代中期，以色列的奥玛特公司设计出一种新的联合循环地热发电系统，即把地热蒸汽发电和地下热水发电系统进行了整合，如图 7.8 所示。

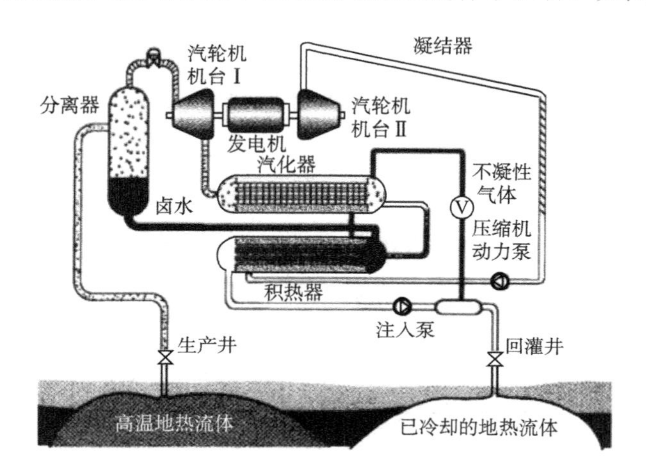

图 7.8　联合循环地热发电系统

该新设计系统的最大好处是既可以提高发电的效率，又能将以往经过一次发电后的排放尾水进行再利用。其过程是：温度大于 150℃的高温地热流体进行第一次发电，发电后的流体在并不低于 120℃的工况下，又进入双工质发电系统进行二次做功，因此这种设计能够充分利用地热流体的热能。

7.4.5　干热岩地热发电系统

干热岩的温度常大于 200℃，在地下数千米，并且其内部不存在或仅有少量地下流体。这种岩体的成分较广，包括中酸性侵入岩、变质岩和块状沉积岩等。主要通过提取其内部的热量来利用干热岩，因此岩体内部的温度是其主要的工业指标。利用干热岩资源的原理是：从地表往干热岩中打一眼井，然后将井孔封闭，再向井中通过高压方法注入温度较低的水，使井中压力大增，这时高压水会使岩体产生许多裂缝。低温水持续注入后，裂缝越来越多、越来越大，并互相连通，形成一个大致呈面状的人工干热岩热储构造。然后在注入井附近钻几口井并贯通人工热储构造，以回收高温水、汽。注入的水与周边的岩石发生热交换，形成了温度高达200～300℃的高温高压水或水汽混合物。然后从贯通人工热储构造的生产井中提取高温蒸汽，用于地热发电。利用之后的温水又可以通过注入井回流到干热岩中，进行循环利用。

思考练习题

（1）地热能的利用方式有哪些？

（2）简述地热资源的存在形态。

（3）简述热水型地热发电系统。

（4）地热发电的原理是什么？

参考文献

黄素逸, 杜一庆, 明廷臻, 等. 2011. 新能源技术. 北京: 中国电力出版社.
李传统. 2012. 新能源与可再生能源技术. 南京: 东南大学出版社.
刘琳. 2009. 新能源. 沈阳: 东北大学出版社.
翟秀静, 刘奎仁, 韩庆. 2010. 新能源技术. 2版. 北京: 化学工业出版社.
朱永强. 2010. 新能源与分布式发电技术. 北京: 北京大学出版社.